When You Do
What I Want You To

[瑞典] 亨瑞克·费克塞斯（Henrik Fexeus） 著
杨清波 译

中信出版集团 | 北京

图书在版编目（CIP）数据

影响 /（瑞典）亨瑞克·费克塞斯著；杨清波译 . -- 北京：中信出版社，2020.3
ISBN 978-7-5217-1310-7

Ⅰ.①影… Ⅱ.①亨… ②杨… Ⅲ.①心理学—通俗读物 Ⅳ.①B84-49

中国版本图书馆CIP数据核字（2019）第292096号

When You Do What I Want You To by Henrik Fexeus
Copyright © Henrik Fexeus 2012 by Agreement with
Grand Agency, Sweden, and Andrew Nurnberg Associates International Limited, UK.
Simplified Chinese translation copyright ©2020 by CITIC Press Corporation
ALL RIGHTS RESERVED
本书仅限中国大陆地区发行销售

影响

著　　者：[瑞典]亨瑞克·费克塞斯
译　　者：杨清波
出版发行：中信出版集团股份有限公司
　　　　　（北京市朝阳区惠新东街甲4号富盛大厦2座　邮编　100029）
承　印　者：三河市中晟雅豪印务有限公司

开　　本：880mm×1230mm　1/32　印　张：9.25　字　数：170千字
版　　次：2020年3月第1版　　　　　印　　次：2020年3月第1次印刷
京权图字：01-2019-6654　　　　　　广告经营许可证：京朝工商广字第8087号
书　　号：ISBN 978-7-5217-1310-7
定　　价：59.00元

版权所有·侵权必究
如有印刷、装订问题，本公司负责调换。
服务热线：400-600-8099
投稿邮箱：author@citicpub.com

目 录

前 言　自曝糗事　_ V

引 言　如我所愿，您购买了本书　_ IX

PART 1

想我所想

巴甫洛夫带给我们的思考：
　/　激发效应　_ 004

水果区购物模式：
　/　我们没有意识到的含义与联系　_ 021

为什么扔掉最后一块拼图的人罪该万死：
　/　我们喜欢完整的模式　_ 037

代代相传：
　/　影响力的遗传　_ 043

PART 2

买我所想

我们都住在黄色潜水艇里：
/ 察"颜"观"色" _ 052

世上流行正方形：
/ 用形状影响他人 _ 062

你不会把包装盒扔掉，对吗？
/ ——包装心理学 _ 072

买，买，买：
/ 为什么我们会购买不需要的东西 _ 088

商品的本质和拥有商品的力量：
/ 买如其人，或者至少这是你的愿望 _ 092

冷冻食品区中的心理分析：
/ 弗洛伊德式购物 _ 097

为什么人人都爱克鲁尼：
/ 成为你想成为的人和别人已经成为的人 _ 101

PART 3

心随我愿

我是否以前在这儿见过您？
/ ——认知与相似性 _ 116

旦撒 旦撒 旦撒：
/ 潜意识的影响与隐藏的信息 _ 126

情理之中？
/ ——认知幻觉以及其他谬论 _ 148

你知道（不知道）自己在做什么：
/ 我们行动的原因并不总是我们想的那样 _ 158

永不分离：
/ 做出承诺时发生了什么？ _ 182

改变自己的（还是他人的）想法：
/ 为什么自我说服的效果最好？ _ 189

抱歉，我们刚刚售罄：
/ 可得性法则 _ 194

你说什么？
/ ——语言的影响 _ 207

但他没有布拉德·皮特长得帅：
/ 使用对比原则施加影响 _ 223

我给你挠背，你也给我挠背：
/ 互惠原则 _ 230

步步为营：
/ 改变所有人的观点 _ 235

叫你做什么你就做什么：
/ 权威的力量 _ 241

当我数到10的时候，你会忘记一切：
/ 鬼魅般的催眠 _ 254

结 语 听我指挥 _ 268

前　言

自曝糗事

沐浴着夏日的暖阳，我和久未谋面的朋友佩尔坐在城里一家咖啡馆喝咖啡。我的拿铁已经喝光了，水也喝完了。我们聊着聊着就聊到了技术方面的问题。我们这一代人中的一些人在聊天时似乎总能聊到这个话题。

"烦死了，真是受够了我现在这个手机。"我说道："虽说没有任何毛病，但现在看来它太过时了。我的意思是无法用它发送多媒体信息或其他新媒体内容。"

佩尔眼神一闪，说道："喂，你瞧，隔壁就有一家手机店，我们过去看看吧。"事实上，我们根本不需要走到隔壁，因为这家手机店同这家咖啡馆连在一起，非常方便。我俩走过去观看样机。一款大屏、键盘可折叠的酷炫手机吸引了我，与此同时，我也引起了售货员的注意。

"我需要一部新手机，也需要转网服务，因为原来的运营商不够理想。"我说道。

售货员说："没问题，你看的这款手机就很合适，非常不错，曾赢得过很多奖项。"果真如此吗？我暗自思忖。事实上我对手机的要求无外乎打电话、偶尔接接电话而已，但获过奖总是不错的嘛！此外，我还觉得这款手机的价格非常合理。不过，我必须签署为期18个月的使用合同，手机和转网服务都是如此。但是当时究竟发生了什么呢？售货员略微迟疑了一下，压低声音说道："不过说实话，如果你看好这款手机，我建议你买这个型号的。"说着他从口袋里掏出了自己的手机，几乎跟刚才那款一模一样，不过似乎看起来更好一些，价格也只略微高一点儿。我觉得非常不错，于是就买下了。接下来我们快速更换了我的手机个人信息，用了不到10分钟的时间，我就拎着一个黑色的小纸袋走出了手机店。我体内的某个我非常开心，但另一个我却开始啃噬第一个我，并且不喜欢第一个我的感受。第二个我不无嘲讽地质问道："你刚才做的这叫什么事儿啊？之前你在网上浏览自己想要购买的任何技术产品时，总是花很长时间才能做出决定。可是这次你一时冲动，花了300多英镑买了一部自己根本不了解的手机，并且签下了长达18个月的服务协议！这是怎么回事？"第一个我反驳道："快闭嘴吧！你瞧，我感觉棒极了。阳光照在我的脸上，两杯浓浓的拿铁咖啡让我体内充满了咖啡因。你真的有必要这样对任何事情都吹毛求疵吗？"

第二个我并不让步，继续反驳道："我承认，美好的夏日，外加一点点刺激性物质，肯定会让你的举止有些反常。但是，在那家手机店里，一定还发生了些什么！"我尽量不表现出来，但在回家的路上心中产生了一丝不安。

这件事发生在几年前。事实证明，那部手机是个狗屎不如的废物，但我还在使用，为的是提醒我那天发生的事情。我不喜欢这部手机，讨厌它所代表的一切，这种感受与日俱增。但现在，我觉得可能是时候换掉它了，因为毕竟新推出的手机的有些功能是它所不具备的。

引 言

如我所愿，
您购买了本书

这是一本关于影响的书。众所周知，我们一生中难免会影响他人，或者受到他人的影响。我们并非生活在真空中，而是被各种东西包围着：房屋、树木、家具、蜜罐、美食，更不用说其他人了。所有这些都以某种方式影响着你，包括你的思维、想法和行动。当然，你也用自己的行为影响着你周围的事物。如此几番往复之后，就形成了奇妙的反馈循环。在这个过程中，最糟糕的是，你几乎总是意识不到究竟是什么影响了你，导致你采取某种行动或赞同某个观点，却只是习惯性地认为是你自己做出了决定。当然，这种可能性永远也无法排除，但更多情况下，促使你思想发生转变的可能是某件事或某个人。

我们对自己所做的任何事情通常都有充分的理由，也乐于向所有愿意倾听的人讲述这些理由。不过我们常常是在事情发生之后才想起这些理由的。真正促使我们采取某种行动的原因与我们想到的理由完全不同。由于我们通常不知道影响自己的是哪些因素，因而有些人专门以影响你为生。我在此仅举几个例子：每当打开收音机或电视机，每当打开一本书、一张报纸或一本杂志，每当走进商店的时候，都会有人试图让你购买巧克力、相信一个政客，或者让你觉得应该买下那一箱六罐装的啤酒来消夏解暑。

总会有人迫切地想对你说教，说服你购物，说服你为某个政党投票或者赞同某个"合理、正确"或"完美、理想"的主意。从早上睁开眼睛到晚上闭上眼睛，你一直受到永无休止的各种企图的左右，人们以各种方式说服你、影响你。而包括我在内的那些试图影响你的人，都喜欢采取某种你无法察觉的方式，因为这会让事情变得更容易，无须在操纵你的思维时再浪费口舌向你解释。

当然，这些早已不再是什么新闻。早在古希腊时期，人们就已经认识到了影响他人的技巧（尽管他们当时注重的是通过演说施加影响，这种方式被称为"雄辩的艺术"）。他们甚至觉得这些技巧非常重要，因而每个人都应该对此有所了解。同时，他们把这些技巧视为正规教育的重要组成部分。

如今，争先恐后想要影响你的人和事物比以往任何时候都要多。随着他们之间的竞争变得越来越激烈，其采用的方法也变得越来越复杂。古希腊人认为，只要我们能够了解这些方法，就可以更好地保护自己。如果他们这种观念是正确的，那么目前对这方面知识的需要就比以往任何时候都要迫切。遗憾的是，在"辩论"和"行为控制"之类的科目成为小学教育基础课程之前，我们还有很长的一段路要走。

似乎大部分人都有某种模糊的认识，好像我们的观点、认识和看法会在未被察觉的情况下受到影响。（否则，怎么会有那么多的广告呢？！）但其中实际的技巧和实际的做法，却被认为是自成体系的，既有彻头彻尾的欺骗，也有神秘莫测的噱头。

本书旨在阐释诸多事物影响人们的方式——从居住环境到可以用来使人们接受影响的心理特征。我们每时每刻都在受到影响，也在影响他人。

我想向诸位展示在日常生活中可能会遇到的企图影响他人的各种情况。本书并非一份教你如何影响他人的说明书，这不是我的本意。当然，如果你希望如此的话也可以。如果你怀有某种政治观点，希望赢得人们的支持，那么你可以在本书中找到方法。比如说，你可能想让员工在上班时间学习瑜伽课程，希望这一建议能如己所愿被大家接受；或者，正如我的一个朋友所想的那样，你希望能让自己的孩子多吃蔬菜。不管是哪种情况，你都可以在本书中找到改变他人态度和观点所需要的技巧。

或许需要改变的人是你自己，因为你希望改善自己的形象。或者你也许只是想增加今晚在酒吧成功约会的概率。不月担心，本书有一整章的内容都与此有关，里面包含了各种技巧，可以帮你约会成功。但更主要的是，我希望你能够了解自己的思维方式。在读完本书之后，当有人试图用一种你反对的方式影响你的时候，你能够更容易地看穿对方，能够意识到自己为什么会突然伸手去拿商店货架上的某种商品，能够意识到自己为什么会打算同意某个观点，这正是我写作本书的目的。

在以上所有情况下，你的行事理由与你自己的喜好或观点实际上没有丝毫关系，你采取的行动只是别人努力促成的结果。一旦你搞清楚了这些问题，你就会更容易退一步思考，想一下自己是否真的想买那件东西或者同意那个观点。你可能会发现那确实是自己一直想要的，但至少这是你的选择。

原来如此！

我还希望大家在读这本书时记住下面这一点：影响真的是个好东西。我甚至想说它是我们生存的关键，也是整个人类历史的关键所在。

在人类发展的最初阶段，我们学会了对不同的颜色、形状和物质做出不同反应，以延长我们的寿命。那些学会辨别锯齿形状或愤怒表情的人增加了他们的生存机会，而没有顺应环境的人则因为行事愚蠢丢掉了性命——比如，去拥抱一个满脸杀气的疯子。随着人类进一步进化，原始社会建立，我们以人际交往规则为基础建立了不同集体。不遵守规则的人无法创建集体，至少做得不够完美，而且也很容易覆灭。

如今，社会交往规则仍然是人类集体活动的基石，并且已经稳固地内化成了我们生活的一部分，规范着我们彼此之间的行为。

事实上，所有的交流沟通都包含某种影响。在与你谈话的同时，如果我不能影响你感受我的感受，或者无法让你理解我跟你说的内容，那我就没法同你进行任何交流。即使我说的只是一句表示问候的"你好"，我也会使用某种特定的语调，露出特定的面部表情，使用特定的身体语言，来影响你同样友好地回应一句"你好"。

这就是我们的交流方式，因为这是人类在进化史上已经形成的适应性行为方式。我们在数万年前得到的关于颜色和形状的经验教训也是如此，即使作用方式不同，这些反应也已经融入我们的基因中。我们之所以会关注食品杂货店里那些尖利的、锯齿状的特价商品标牌，是因为我们的祖先曾经饱受在尖利岩石上行走的痛苦。

人类从打猎和群居进化到"除旧换新"的文明时代，但我们早期的经验教训从未被遗忘。这是最为关键的一点。这些心理机制对我们非常有用，因而我们掌握了它们，并用来影响和说服我们自己，一贯如此。

利用这些技巧有两方面好处。一方面，你很难免受其影响，因为那些反应已经深入人心，在你甚至还来不及思考为什么的时候，你已经看到了锯齿状的特价商品标牌。另一方面，你会不假思索地对其做出反应，而这些反应完全是自发的。在面对某种适当的刺激或者适当的信息输入的时候，你的行为就像一台编程电脑那样，以预先设定的方式做出反应，根本不会思考。这意味着，通过激活适当的程序，我可以让你开启特定的自发行为模式，尽管你心中想的是完全不同的事情。例如，让你买上次买过的清洁剂，或者让你认为自己同意某个组织所宣传的观点。

幸运的是，你的大脑总在想着其他事情，因此，这种行为编程不一定总能成功。这并不意味着你以后需要变成一个多疑的妄想狂，只需要略加留意就可以了。这些技巧已经被运用到了各种各样的活动中，总有人处心积虑地企图说服你：从政治宣传、宗教传播到牙膏广告，无处不在。无论是向你兜售高露洁牙膏还是宣传贝拉克·奥巴马，其中的区别恐怕比你想象的要小得多。

大脑中的保镖

由于你的感官一直受到大量信息的轰炸，大脑时刻萦绕着许许多多的想法，所以你已经形成了一个自动屏蔽系统，保护自己免受信息超载之苦。

读到这段文字的时候,你意识到自己坐在椅子上的感觉了吗?看到窗外正发生的事情了吗?看见周围发生的一切了吗?可能都没有,原因正在于这种屏蔽系统。(当然,由于我现在提到了这些情况,所以你可能已经意识到了它们。)

有意识的关注就像一盏聚光灯,你可以将其对准自己关注的焦点。但同时它也像是私人会所的保镖,决定哪些信息可以进来,哪些信息必须待在外面,哪些信息需要在门外徘徊一圈,清醒一下,然后再尝试进入。这个保镖会过滤你的思想,阻止杂乱的念头或不相关的思维模式干扰你当时的主要思路。

然而,过滤思想、清除不受欢迎或不相关念头的做法是要付出代价的:你无法记住没有被放进来的任何事情。人们忘记事情最常见的原因之一就是这些信息被遗漏了,因为从一开始就没有予以关注,所以被屏蔽系统排除在外。关注某个事物意味着能够在需要的时候集中精力、抵抗干扰。集中精力还可以有意识地激活你的记忆,这样既能增强你的意识,还能增强你对自动关注的过滤能力。

自动关注?我刚才不是说关注是一种有意识的行为吗?没错,关注是一种有意识的行为。你可以有意识地关注某个事物,但你也可以无意识地这样做。这就是为什么我们能够在不知情的情况下受到影响。这个现象被称为"自动关注"。

微记忆或微意识

另一个表示自动关注或无意识注意力的术语是"习得行为",其作用原理如下:假设你观察到自己眼前的某个事物,并且已经掌握了该事物的含义,那么你就不需要去思考它,而是会自动地想到它的含义。

我们以"1+1"为例。你知道1+1=2,所以当你一看到"1+1"这些数字和符号的时候,立刻就会自动地想到"2",根本不需要进行任何加法运算。如果你把一块腐臭的食物放进嘴里,你立刻就会自动地产生反应,在完全意识到它的臭味之前就把它吐出来。

你可以想象大脑中有一些小型的信息"程序包",也就是微记忆或微意识,它们已经学会了对特定的刺激,比如骑车、开车或"1+1"产生即时反应。

要学会这些技巧,你首先必须付出有意识的努力,比如理解基础理论,或者学会如何在两个很窄的橡胶车轮上保持平衡。经过多次重复之后,这种技巧就会变成自动反应。今天,你甚至可能注意不到自己的各种微意识激活的那一刻,比如,当你前面的车子突然急刹车,或者你的女儿问你"7+3 等于几"的时候。拥有微意识或者自动反应能力可以让你将车开得更好,就像数学上的微意识可以帮你更快地辅导孩子完成家庭作业那样。

这种自动关注能力可以通过训练大幅提升。美国海军陆战队的士兵通常要进行 3 个月的狙击训练。在训练期间，他们要学会观察各种细节并记住它们。他们不仅要注意被丢弃的罐头盒，而且要学会思考其中的含义——它能透露出有关敌人食物供给、士气或者军队规模的哪些细节？这种训练一开始是有意识的训练，到最后就变成了一种无意识的自动能力，有助于提高士兵的警惕性。海军陆战队的士兵通过培养这种微意识能力来处理他们周边环境中的具体细节问题。

储存一套微意识对我们来说具有很高的实用价值，而且还可以节约大量时间。杰夫·霍金斯是一个非常聪明的家伙，他设计了智能电脑和人工智能，很久以前就研制出了掌上电脑。他甚至宣称：人类智能的确切定义是预测未来的能力。微意识只不过是这种能力的自动化版本，可以使我们变得更聪明，然而，同所有事情一样，我们也要为之付出代价。

练习 1

以下是三句常见的习语：

很久很久以以前

一鸟在在手

迟做总比比不做好

假如你在读到这些习语的时候没有注意到任何特殊之处,那是因为这三个习语全都激活了你心中的微意识。你开始阅读它们,看到前几个字,于是就推断(或者像杰夫·霍金斯说的那样——预测)自己读的是哪个短语或词句。

问题的关键是你错了。假如你仔细阅读,而不是利用自动记忆模式走马观花,那你就会发现每个句子中都有一个重复的字。你以为自己读到的内容与真正印刷在这一页上的内容并不一致。我的天哪!

这个练习除了让我们产生对内容误读的尴尬、希望没人发现我们的错误之外,还给了我们一个宝贵的教训,告诉我们如果我能够激活你的微意识,那我就可以引发你的行为模式,这些模式不一定完全适合当时的形势,但你依然会不假思索地付诸行动。

有一个典型的例子体现了我们不假思索采取行动并最终陷入麻烦的情况:汽车轮胎制造商偶尔会印发优惠券,但事实上没有提供任何优惠,但是顾客依然会到场,手里拿着他们根本没有用心看过的优惠券。

同样的情况也发生在我们购物的时候。我们习惯把某些颜色和形状同降价联系在一起,认为我们清楚上面写着"内衣:1套5英镑,6套30英镑"的标牌的意义,但实际上并没有对这个标牌的真正含义做过任何有意识的分析,而我们的潜意识已经开始欢呼"打折商品,我的最爱",并引领我们奔向柜台上堆放的内衣。

另外一个比较有说服力的例子是商店试图大量销售某种商品时经常采取的典型策略。或许他们需要在货架上摆放其他商品，或许他们购进的货物太多，不管怎样，他们需要做的就是把这种商品放进篮子里，附上一个标牌，上面写着类似"圣诞饰品，价格低廉"这样的字眼。尽管价格跟之前一样，但这种简单的策略会大大提高销量，因为我们的自动关注意识开始发挥作用。

在我的电视节目《心灵风暴》中进行的一项实验清晰地展示了我们开启自动关注意识的程度。我同团队工作人员开办了一间杂货店，对一些巧克力棒以固定价格提供特别优惠。其中的陷阱是，一次购买几支巧克力棒要比一次购买一支实际上更贵一些。我们提供了两种不同价格：3支美克威巧克力棒2.5英镑（每支79便士），2支100克的巧克力棒3.5英镑（每支1.69英镑）。我们都认为自己非常关注价格，我也敢肯定你对杂货店的所有价签都很留意。从某种程度上说，我相信我们都是这样做的——很多人都看到了价签，也读到了上面的价格，但是，他们没有理解这些价签的实际含义。面对特价商品时，期望购买的商品与实际购买的商品之间的价格差别究竟要多大才会抑制我们启动微意识呢？或者在开始抑制微意识之后至少能够减缓购物的速度呢？10美分的优惠当然不错了。在事后与他们的交谈中，几乎所有接受我们优惠的顾客都认为自己买到了便宜货。这个例子中所涉及的行为模式根深蒂固，以至于当我向他们解释其中的陷阱时，他们感到大惑不解，似乎搞不清这些数字，或者甚至不会基本的算术。对于他们中的一些人，我不得不使用计算器向他们证明他们多花了冤枉钱，也只有这样他们才承认。

能够说明我们自动的无意识行为有多么强大的最典型例子与一位妇女有关。她一开始甚至不承认自己购买了美克威巧克力棒。当我告诉她我们知道她买了3支美克威巧克力棒，因为我们在商店里安装了摄像头时，她依然以各种借口说自己从没买过美克威巧克力棒，只不过那一天她鬼使神差地购买了。在我们的谈话过程中，她一直说自己根本没有看到店里的价签。这完全是不可能的——根本不可能在进入商店时看不到那些价签。她实际想说的是自己没有有意识地关注那些价签。因此，那一天比较特殊，在丝毫没有留意那些价签的情况下，她购买了自己平时不会购买的商品，并且购买的数量同优惠打折的数量一致。

仔细检查价签内容之后就会发现，这种优惠不是真正的优惠，反而会给她带来损失。看来，要么这位女士可能在对我们说谎，每次来这家商店的时候她都会买3支美克威巧克力棒，要么这可能纯粹就是不可思议的巧合。或者说……她不断地经过那些暗示她购买3支美克威巧克力棒的价签，结果开启了她头脑中的微意识，让她以为这样可以省钱，于是，在无意识的情况下，一下子就买了自己并不想买的3支巧克力棒。其中的原因她也不清楚，结果在这笔交易中受到了一点儿损失。但这真是令人难以置信啊，对吧？

（有时候）我们都是机器人

当我想悄悄地、在你不知情的情况下影响你的时候，我可以利用你对周围事物，比如颜色和形状的固有理解，也可以利用类似上述例子中的那种自动行为模式。另外一个办法是触发你的"社会反应"，即你习得的行为模式，因为这些行为模式能对我们的文化和社会产生有益的影响（例如收到礼物后要回赠礼物的行为模式）。我可以利用它们让你做一些原本你不会想到要去做的事情。例如，当你在城里碰到无辜的请愿者，或者接到电话营销公司希望你"参与调研"的电话时，这实际上都会触发你某些内在的行为模式，让你思考、感知或者相信自己原本可能并不赞同的事物。这完全是因为我们都是社会机器人。因此，我可以利用你服从权威的心理，设置语言陷阱，或者用其他方法来操纵你。我做过许多不起眼的工作——艺人、演说家、作家、电视节目主持人，以及让众人无法忍受的百事通。做这些工作时，我花了几年时间研究最有效的方法，目的是让人们在无意识的情况下相信天空是什么颜色（不要瞎猜了，天空是暗红色的）。我在电视台的工作经历也让我近水楼台先得月，有机会在现实世界中尝试我的一些想法。

　　同我在开始时所说的一样，本书的目的是要通过清晰实用的方法，阐述影响到底是如何发挥作用的，以及为什么没有发挥作用。我的推理跟我之前提到的古希腊人的推理类似：假如我们熟谙各种诡计中经常用来影响他人做出某些选择的方法——或者就是单纯地做出一种选择——那么我们就能更有效地防范它们。

　　或许此时你就能够做出更明智的决定——这块儿以乡村为主题的有手绘图案的石头或者那辆有山羊皮座椅的轿车是不是你真想得到的？即使你坚信自己不是一个容易上当受骗的傻蛋（就像那个极度缺乏自我判断能力、无意中买了东西的喜剧演员所说的那样——我只不过买了自己想要的东西），但如果你觉得自己可能受到影响，却不知道其中的原因时，这种感觉足以让你的妄想症发作。但不管怎么说，还是有某种因素让你购买了这本书，不是吗？

　　诸位在本书中会看到许多不同的例子，其中都运用了影响力，或者可以运用影响力。大家也许从自己的日常生活中可以发现其中的一些事例，甚至能够发现自己有时候表现出来的行为模式。我会逐步向大家介绍各种技巧以实现各种目的。其中有的是利用你对社会归属感的向往，有的是利用你的大脑对完整模式的渴望、对关联模式的渴望及对周围环境的固有理解，或者只是利用了名人效应。在这些方法背后隐藏着复杂的心理学理论，但归根结底却非常简单：目的就是让你做我想让你做的。大家很快就会明白其中的道理。

　　好了，我们言归正传：欢迎大家来到无意识世界，见证这里发生的全部奇迹！

PART

1

想我所想

当我想让你做某事时，如果我在一开始能改变你的思维方式，使其与我的思维方式相似，那将非常有帮助。鉴于这个原因，我想我是非常幸运的，因为所有的思维方式在很大程度上都是自动形成的，就像微意识那样。你有意识的思路不断受到头脑中出现的其他事物的影响，但是由于你从没有意识到这种情况，因此也就注意不到自己受到了影响。我们一直受到各种意念的影响，这些影响使得我们总是换个角度看世界。但是我们并不总能注意到自己的看法发生了变化，事实上这些意念不但影响我们对世界的看法以及我们的行动，而且也影响我们对自己的看法，对一些事情做出的判断。例如，我们是感到精力充沛还是疲惫不堪，是愚蠢还是聪明，是坠入爱河还是感到恐惧。

另外还有一些意念，其对我们的影响就像是散发着蜂蜜香味的果蝇诱捕器，我们根本无法抵制它们的诱惑。这些意念被称作模式。在这一部分，我想尽我所能向大家展示不断重复的意念对人的思想和行动产生的影响——这被称作启动效应。我还将阐释人们为什么会被这些模式欺骗，解释它们对人们的影响。此外，我还要说明为什么影响实际上是个好东西。事实上，没有影响人类就无法生存。

所有这一切都来自你的思维，其中既包括你意识到的，也包括你一无所知的。现在我们必须更好地了解它们。

巴甫洛夫带给我们的思考：激发效应

> ……可口可乐公司的一些广告经理认为，人们对商业广告的反应就像狗对巴甫洛夫铃铛的反应一样。狗学会了把事物和铃声联系在一起，这就赋予了铃铛新的意义。同样，可口可乐公司的广告经理们相信，他们也能制作出让人们产生条件反射的广告，一看到这些商业广告，人们就想喝可口可乐……我认为，这种关于消费的观点把人降格成了对刺激做出条件反射的动物，完全失去了人性，而且可能过于简单。但是，假如可口可乐公司的观点是正确的，那该如何是好呢？
>
> ——阿瑟·阿萨·伯杰《疯狂购物》(*Shop'til You Drop*)

我知道大家才刚开始阅读本书，此时此刻或许还想继续读下去，但现在我要让诸位停一会儿，因为又到了做个小练习的时候了。我知道大家一看到"练习"这个词的时候手指就忍不住发痒，想要翻过这一页。但是，如果能停下一会儿，在继续阅读之前认真地做下这个练习，那将是非常有益的。这个练习会占用你10分钟的时间，但花这点儿时间是值得的。练习并不难，而且会让本章余下的内容读起来更有趣。

练习2

首先，请拿出5分钟的时间（自己计时，不要陷入白日梦中），想象一下假如自己是个大学教授，生活会是什么样子——大学教授可是真正的聪明人中的一员。想象一下成为这个星球上最聪明的人之一，生活会是什么样子。这样的一天会是什么样子呢？教教书、为知名杂志写写文章，或者干点儿什么？我知道5分钟的时间相当长，但尽量让自己沉浸在这种体验中。我还想让你把与身为教授有关的所有事情写下来，自由地进行想象。准备好了吗？计时开始！

身为一名教授：

_____

_____

写完了吗?

在撰写这部分内容时,我面前放着 7 张卡片,上面是一些选自流行益智问答游戏的问题。这些卡片是随机选取的,我把卡片上的一些问题列在下面,请大家回答这些问题。请尽力回答,但不要在任何一个问题上花费太多时间,以适当的速度逐一完成,把答案写在书上。如果你很在乎钱,这本书又是从朋友那里借来的,而且永远不打算归还(或者你打算读完后将其在易趣网上卖掉),那就把答案写到单独的一张纸上,但无论如何,一定要设法记录下你的答案,否则之后的事情会变得很困难。

(1)拳击运动中哪个术语描述了拳击手互相"倚靠"的情况?

(2)负责净化血液的身体器官叫什么名字?

(3)哪一位大胡子人物由于缺少赴会路费而错过了共产党第一次大会?

(4)国际象棋的棋盘上有多少个黑格子?

(5)鱼儿累了的时候会打哈欠吗?

(6)哪一种烈性炸药中含硝化甘油?

(7)莫扎特的教名是什么?

(8)谁为玛丽·霍普金写了那首脍炙人口的歌曲《往日恋情》?

（9）歧视犹太人的另外一种说法是什么？

（10）毕加索出生于哪座城市？

（11）哪个夸张的卡通人物是漫画家欧·加洛佩创作的？

（12）一个人体细胞中通常有多少个染色体？

（13）白尼罗河在苏丹首都喀土穆同哪条河流汇合在一起？

（14）鲍勃·马利毕业后当学徒时从事的是什么职业？

（15）意思是"联系"，被用来描述1938年德国吞并奥地利的德语单词是什么？

（16）1912年4月14日发生的那次惨痛的海难是什么？

（17）哪一位极地探险者比英国探险者罗伯特·F.司各特提前一个月到达南极？

（18）在古希腊故事中，迈锡尼的哪位国王同时也是特洛伊战争中希腊人的领袖？

（19）包括阿拉丁、阿里巴巴和辛巴德等故事的阿拉伯10世纪故事集的名字是什么？

（20）哪种吸血的非洲苍蝇能引起非洲锥虫病？

好了，该休息一下了，喝杯咖啡，散散步，看一下某个电视节目的重播，尽管其实你并不在乎错过该节目。当你觉得准备好了的时候，你再回到本书，继续下一阶段的练习。

这一次，我想让你用5分钟的时间想象一下足球流氓的生活。

这种人的生活是什么样子的呢？会有什么样的朋友呢？会毕业吗？一天到晚都做些什么呢？把与足球流氓有关的所有事情都写下来，然后想象一下假如你是个足球流氓，生活会是什么样子。计时开始！

身为一个足球流氓：
_____
_____

做得不错！我们基本上已经做完练习了。但是，这里还有另外 7 张选自益智游戏的问题卡片，请再认真思考以下这些问题，但要以最快速度给出答案。

（1）把威尼斯城分成两部分的 S 型运河叫什么名字？
（2）谁演唱并录制了《情雾迷蒙你的眼》这首歌？
（3）超人来自哪个星球？
（4）米开朗基罗把自己看作是画家还是雕塑家？
（5）作为一个朝代的名字，汉字"明"是什么意思？
（6）在花式滑水比赛中，谁决定牵引滑水者的快艇的速度？
（7）亚洲少数民族中人口最多，但却没有建立自己国家的是哪一个民族？

（8）哪家公司因为麦当娜的个人专辑《像个祈祷者》而中断了对她的赞助？

（9）笔迹专家研究的是什么？

（10）肯尼迪总统在1963年几月被暗杀？

（11）小孩与大人谁做的梦更多？

（12）1987年11月，埃尔顿·约翰把什么东西卖给了报业大亨罗伯特·麦克斯韦尔？

（13）第一个离开地球、进入太空的生物叫什么名字？

（14）辣妹组合中的哪一个成员曾吹嘘自己捏了查尔斯王子的屁股？

（15）曾在大屠杀中拯救过犹太人的德国实业家兰德勒叫什么名字？

（16）哪个来自美国西部的传奇人物是印第安人部落首领"坐牛"的朋友？

（17）雷暴中击中地面的闪电比例有多少——是1.5%，还是10%？

（18）英国台球游戏中使用多少个球？

（19）功夫起源于哪个国家？

（20）利物浦的哪家俱乐部在披头士乐队的成功之路上发挥了重要作用？

现在基本上算是完成了，但还需要检查一下你的答案，然后将其与下面的正确答案进行比较，算一下自己每次做对了多少题。

关于教授的问题答案：

（1）"钳住对手"

（2）肝脏

（3）卡尔·马克思

（4）32

（5）是的

（6）TNT

（7）沃尔夫冈·阿玛多伊斯

（8）保罗·麦卡特尼

（9）反犹太主义

（10）马拉加

（11）必比登，也叫米其林人

（12）46

（13）青尼罗河

（14）焊接工

（15）德奥合并（Anschluss）

（16）泰坦尼克号的沉没

（17）罗纳德·阿蒙森

（18）阿伽门农

（19）《天方夜谭》，也叫《一千零一夜》

（20）睡病蝇

关于足球流氓的问题答案：

（1）大运河

（2）五黑宝合唱团

（3）氪星

（4）雕塑家

（5）光明（或者"启蒙"）

（6）滑水者

（7）库尔德人

（8）百事可乐公司

（9）笔迹

（10）11月

（11）小孩做梦的数量大约比大人多25%

（12）沃特福德足球俱乐部

（13）莱卡

（14）杰丽

（15）奥斯卡

（16）野牛比尔

（17）10%

（18）3个球，其中包括两个母球和一个红球

（19）中国

（20）洞穴俱乐部

　　你终于回答完毕，不由得长长地舒了一口气。我要重重地拍一下你的肩膀，以示祝贺……或者给你一个大大的拥抱。为什么不呢？就像我前面所说的那样，你回答的所有问题都来自一个流行的益智游戏。上高中时，我的一个朋友总是要求我们放学后到她家玩这个游戏。玩了几次之后，所有人都十分清楚地意识到这个同学把所有的业余时间都用来提前死记硬背这些问题的答案。时至今日，我有时还在想她这样作弊到底是为了什么，她如何看待自己每次都赢，但却向所有人证明了自己不善社交的事实。然而，假如你不是那种在业余时间研究这些问题的人，那你可能无法答对所有问题，但这里有趣的一点是：你在回答第一组问题时答对的概率要高于第二组问题。两位荷兰研究人员针对两组人做过与此大致相同的实验，其中一组人思考的是有关教授的问题，另一组思考的是关于足球流氓的问题，结果发现他们的答案差别很大。"教授组"回答问题的平均正确率为55.6%，而"足球流氓组"的平均正确率为42.6%。其原因并非其中一组的人都更聪明一些，或者注意力更集中一些。两组人回答的问题也完全

一样，唯一的差别是其中一组在开始时想象了一下做个聪明人是什么样的，比如作为教授。通过把自己与聪明人联系起来，他们将自己置于"聪明的"心智状态，这显然帮助他们多回答对了13%的问题。如果你自己的测试结果符合这两个平均值，那就意味着与第二组问题相比，你在第一组问题中多回答对了5道题。我没有必要向大家解释13%是多么巨大的差别，大家只要想一下自己无须比以前更用功，只要保持恰当的心智状态，就可以在所有测验、考试和功课中将成绩提高13%，就会明白其中的差别了。

当你把自己想象成教授或者足球流氓时（就像荷兰人的实验对象那样），所发生的一切被称为激发效应。每个人都有一种被称为"间接记忆"的能力。间接记忆可以储存你经历过的所有事情的信息，在你意识不到的情况下影响你当前的行动。（如果你按照直接记忆采取行动，你是会意识到自己的行动的——我之所以吃这根香蕉是因为我记得自己喜欢香蕉的味道。）有关间接记忆的典型测试是被称为"残词补全"的游戏。在这一过程中，实验对象被要求补全一些只给出部分字母的单词。例如：

B_A_P_T

B_O_S_E_F

R_T_L_S_A_E

一两天之后，在另外一个实验中，同一批实验对象练习使用像 Brad Pitt（布拉德·皮特）和 Rattlesnake（响尾蛇）这样的短语。有趣的是，他们在稍后进行填空实验时，补全这些单词变得简单了许多。果真如此的话，那一点儿也不奇怪，因为他们前一天记住了这些单词，意识到其中的相同之处。但是在对这一现象进行研究时，似乎一切都表明不存在有意识的记忆，实验对象没有意识到正确答案与前一天的练习有关。

为了证实这一观点，他们也对患有记忆障碍的病人进行了激发效应测试。这些病人完全没有功能性有意识的记忆，这意味着他们根本记不住两天前使用过 Brad Pitt 这个名词。在一次实验中，病人们被要求看一些难以理解的句子，例如"干草堆至关重要，因为面料爆裂了"，这个句子只有在和"降落伞"这个单词联系起来的时候才有意义。他们让这些病人看了一些句子以及提供"答案"的单词（比如上面这个例子中"降落伞"这个单词）。一个星期之后，再让他们看同样的句子，同时又提供了一些新的难懂的句子。结果表明，与新句子相比，病人们能更快地解决他们之前看到过的那些带有答案的句子。尽管他们中没有一个人能够记得上周他们生活中的某一时刻，也无法记住之前曾经看到过这些句子。换言之，在这个例子中他们的有意识记忆没有发挥作用，但是却在无意识中（或者说间接地）辨别出了信息，与之产生了联系。也就是说，我们经常不知不觉受到过去发生事情的影响。

显然，对于市场营销行业来说这是个极好的消息。关于有效广告存在一种普遍的误解，人们认为有效广告应当能够激发受众某种有意识的记忆，这些记忆能够在购物者做出购买决定时再次出现在他们的头脑中。大量资金被用于制作既具娱乐性又具独特风格的广告，希望被人们记住，以此影响人们的购物决定。（我至少认识一个这样的人，他更喜欢收看广告，而不是电视节目。对此他的解释是，广告既能给他带来娱乐感，又能给他提供信息，这跟他想从电视节目中得到的一样，但只需 20 秒的时间，而不是 20 分钟。结果都一样，但广告的效率更高。竟然让人无言以对！）但广告真的是以这样的方式发挥作用吗？难道我们身处商场，打算购买邓肯汉司蛋糕粉时真的会突然想："噢，对了，我刚刚看到过一个关于贝蒂妙厨蛋糕粉的广告，应当试试他们的才对！"曾经有几项研究围绕我们对广告的记忆情况进行过调查，结果似乎表明我们根本无法长时间有意识地记住广告。在其中一个实验中，实验对象被要求在 13 周的时间里定期观看同一个广告，但 6 个星期之后，只有 20% 的实验对象还记得这个广告。这类研究告诉我们，广告不是我们喜欢记住的事物。但另一方面，有充分的证据证明，广告是通过间接记忆、激发效应影响人们的。

在另外一个实验中,实验者要求实验对象看一下杂志中的广告,其中一组被要求在看完广告之后对其进行评价,说出他们对这些广告的喜欢程度。另一组看的是同样的广告,但是有精心设计的"巧合",实验者要求他们阅读广告旁边的文字说明。5分钟之后,实验者开始测试这两组实验对象对广告的辨识程度,同时要求他们评价一下自己对杂志中广告的喜欢程度。同只是浮光掠影般瞥了一眼广告的那一组人相比,有意识地研究广告的那一组人对广告的辨识度更高一些。这不足为奇。但是,这两组人对广告做出的评价没有任何区别。同只是"碰巧"看过广告的那一组人相比,研究过广告的一组人发现广告图片并不更具吸引力。

如果此时你想知道我做这一切的目的,我是不会感到惊讶的。但是这个结果的确令人惊讶,即使表面看来并非如此。请让我来解释一下。众所周知,我们更喜欢我们辨认出来的事物。如果要让我们在两件东西之间做出选择,其中一件我们之前见过,那么我们总会倾向于选择之前见过的那件东西。被辨认出来的东西对我们更有吸引力。(否则,当选举临近时,我们为什么会不断看到政治候选人的头像,无论是知名政客还是无名之辈?原因就在于他们希望我们记住他们的面孔,从而更喜欢他们。)

有人曾要求某些患有健忘综合征——一种导致严重失忆的脑部疾病的病人听几首曲子。在随后的实验中,这些曲子又被播放了一遍,同时还播放了另外一些曲子。这些病人更喜欢他们之前听过的曲子，尽管他们并没有有意识地记得曾经听过这些曲子。这一实验表明，对事物进行识别并被其吸引可以间接发生或在无意识的情况下发生。因此，对广告的间接记忆可以在我们意识不到的情况下影响我们以及我们的行动。

在进行上述实验时，你受到某种意念的影响，这种意念无意中影响了你和你的间接记忆。这一点之所以令人感到如此兴奋，是因为这些词语对我们来说并不是中立的。无意识地记住词语可以使我们更容易理解类似"干草堆"那样稀奇古怪的句子，也能够唤醒我们内心的情感，影响我们的心智状态。例如，我们是悲伤还是快乐，或者我们对自己的感觉如何。难怪有些广告使用像"新颖""迅速""简便""即刻""改进"或"神奇"之类的词语，因为这样做比不使用这些词语卖出的商品更多。通常，与卡通人物或历史人物相比，动物、婴儿和性感明星更有助于推销产品。比方说，你更喜欢从谁那里购买香体剂呢？是性感女星帕丽斯·希尔顿还是龌龊男饰演者威尔·法瑞尔？其原因就在于这类词汇和形象能够激发我们内心不同的情感和心理状态。大多数情况下，如果广告导演或者广告文案的撰写者工作得当，那么这些情感和心理状态都是积极的，能让你心情舒畅。但是你刚刚读到的这些词语也能激发你的联想，让你即刻、迅速地采取行动。类似"信心""态度""活力"或者"力量"这样的词语会使你的大脑产生更多影响情绪的血清素，从而提高你的愉悦感、幸福感和满足感。相反，类似"失望""压抑""害怕""痛苦"或者"遗憾"这样的词语会减少体内的血清素，让我们感觉糟糕压抑。在催眠治疗中，这种对语言有意识的使用被称作"隐藏式命令"。在后面的章节中，大家会看到颜色对我们的影响，会发现同样的道理也适用于那部分内容：我们对颜色的理解与特定的情绪状态有着直接关系。黄色之所以能让我们感到精力充沛、心情愉悦，有时候甚至达到令人烦恼的程度，就是因为它在我们内心引发的联想影响了我们体内血清素的数量。看到红色的时候，我们就会在生理上做好准备，肾上腺素瞬间提升，应对可能发生的危险。大家可以思考一下，哪些产品通常是红色的？万宝路香烟、可口可乐、雀巢奇巧巧克力，以及能为人们带来快乐和享受的诸多产品。由于这些产品是红颜色的，因此只要看上一眼，肾上腺素就会上升，刺激你的感受，让你想起这种产品之前带给你的味道！我们周围的大多数事物都能以这种方式激发我们的联想。

　　当我们把这种联想同激发效应结合起来的时候，令人不可思议的事情就发生了。如果你读了一篇关于老人的文章，那你的动作比没读之前会迟缓一些，你的大脑开始想象变老之后的状态，而你的身体则会对这些想法做出反应。但实际情况可能比这更加令人匪夷所思。事实上，文章内容甚至不需要是关于老年人的，里面只要有足够多的词汇能让你联想到老年生活、进入"老年思维状态"，这就足够了。至于文章的具体内容，那都无关紧要。同样，如果你读的文章是关于烹饪厨艺的,但里面含有一些诸如"粗暴""暴力""强迫""攻击""尖锐"或"争斗"这样的词语,那在读完之后你可能会因为某些琐事发脾气或者与人吵架,因为你在无意识中联想到了攻击性行为,并开始采取相应的行动,尽管你不过是翻看了一本食谱而已。

心理学家达里尔·贝姆采用同样的实验证明了这样一个道理:甚至连一些最基本的事情,比如我们对正误的判断也无法避免激发效应的影响。20世纪90年代中期,他让实践对象进行不同的表述,如果表述正确,就会点亮一盏灯,如果表述错误,就不会亮灯。在灯光与正确表述之间的关系建立起来之后,贝姆试着在实验对象表述错误时也点亮灯光。结果这些人开始相信他们自己的错误表述。

激发效应可以在我们毫不知情的情况下触发我们内心的联想,并以这种方式影响我们的心情、观点、思想,甚至会在无形之中影响我们的行为。你不需要用教授的思维方式想象这种事情。一个极端的例子来自一项实验,在这个实验中,一些来自美国的大学生被要求完成一份标准化能力测评试卷的部分内容。实验开始之前,实验对象被要求填写一张个人信息表,其中一组还被要求在表格上填写"种族"信息。这个简单的问题足以让学生在无意识的情况下产生偏见和刻板印象,认为非洲裔美国人生性懒惰、行动迟缓。与那些没有被要求填写种族信息的非洲裔美国学生取得的成绩相比，这一组学生的成绩只有后者的一半。实验结束之后，实验者询问这些学生考试过程中是否有什么因素影响了他们的成绩，在表格中填写种族信息是否干扰了他们。但这些学生却回答说自己不曾受到任何干扰，可能只是自己不够聪明，所以考不出好成绩。这意味着他们一直施加在自己身上的无意识刻板印象依然在影响他们的思维。与此类似的是，金发女性在进行智商测试前被要求看一些嘲笑金发女郎胸大无脑的笑话，结果她们的测试成绩要逊于没有看过这些笑话的其他金发女性。激发效应完全产生于无形之中，即使有人向我们指出它们的存在，我们也难以理解其作用。这就使得我们有时很容易受到众所周知的"奇幻思维"的影响。但在谈论奇幻思维之前，我想向大家介绍一个有关激发效应的经典实例。

经典实例：喝杯茶看看

美国的李奥贝纳广告公司在其一次巧妙的广告策划活动中采用了激发效应，取得了良好的效果。他们想让美国人多喝茶，但由于美国人已经习惯了喝淡咖啡，因而喝茶的风气很不盛行。有一天，李奥贝纳广告公司的某个员工意识到大部分美国人家里都有一把茶壶，并且几乎所有人家的茶壶都是红色的。于是，该公司制作了一张画着红色茶壶的海报，上面写着这样一句广告语：喝杯茶看看。这样做的目的是使人们把茶壶这一形象同美国人厨房中的茶壶从心理上联系起来。这样一来，每当家庭主妇看到自己家的茶壶时就会想起海报上的茶壶形象，同时也自然会想起海报上的那句广告语"喝杯茶看看"。说到底，这就是直接提示人们喝茶。该广告公司希望通过这种办法把他们的广告贴到所有美国人的厨房中，或者至少是那些有红茶壶的厨房中。这种无形的"广告"不占任何空间，也不花任何印刷费用，只存在于人们的意识之中。这是个非常有趣的创意，经过如此一番策划活动之后，该公司茶的销量持续增长了数十年。

水果区购物模式：我们没有意识到的含义与联系

30多年前，医科学生经常被告知：不但吸入玫瑰花花粉会引发哮喘，而且有时候仅仅因为看了一眼玫瑰花，即便看到的是塑料玫瑰花，也可能引发所谓的过敏性条件反射。换句话说，接触到真正的玫瑰花和花粉能使大脑在看到玫瑰花和支气管收缩之间建立起一种"习得的"联系。这种条件反射究竟是怎样产生的呢？……尽管心身医学已经发展了30年，但我们依然没有得到明确的答案。

V.S.拉玛钱德朗《寻找脑中幻影》

　　到目前为止，我所说的激发效应主要与文字或图像有关，但实际上我们受到周边环境所有因素的影响。除了颜色与形状之外，还有气味、温度、硬度、软度、声音和动作。所有这些都能影响到我们，比如我们为什么喜欢或者不喜欢某个人，因此这些因素也能产生激发效应。

　　心理学教授蒂莫西·威尔逊讲述了他到自己女儿学校时发生的一件事。当时他遇到了另一个学生的父亲，此人名叫菲尔。蒂莫西记得自己的妻子曾经跟他讲过菲尔这个人：此人难以相处，喜欢打断别人谈话，听不进别人的意见，总是一意孤行。蒂莫西很快就发现妻子对菲尔的描述相当准确。菲尔总是打断别人说话，喜欢询问如果接受校方提出的建议对自己的儿子有什么好处，根本不考虑其他家长的意见。蒂莫西回家后告诉妻子，她对菲尔的评价十分准确。一开始，他的妻子有些糊涂，但随后她说道："我说的不是菲尔，而是比尔。菲尔这个人相当不错，他帮学校做了不少事情。"得知这个新情况之后，蒂莫西带着有些尴尬的心情回想了一下，这才意识到同其他父母相比，包括蒂莫西自己在内，菲尔其实并没有表现得更喜欢打断别人说话，也没有表现得更傲慢无礼。蒂莫西在无意识的情况下，根据自己先入为主的偏见解读菲尔的行为。但实际情况是，菲尔的行为可以有许多不同的解读方式。对他人的第一印象是相当深刻的,然而,我们很少意识到这种印象是如何反过来受到我们头脑中其他因素的影响的。在蒂莫西的这个例子中,他对菲尔已经产生了先入为主的偏见。

我在自己的电视节目《头脑风暴》中做过一个实验,想研究一下我是否能够让人们对我产生完全不同的印象。方法非常简单,就是确保实验对象处于不同的情感状态——在见到我之前他们就已经处于这种状态。换句话说,在我们见面之前,参与实验者对我没有任何看法,但他们都处于经过精心设计的情感状态之中。我用来让实验对象处于不同情感状态的方法是把他们置于不同的环境中,让他们进入某种思维模式和行为模式,受到外在因素的"被动"影响(这里的"被动"指的是接收不到提前计划好的、有意识的信息),然后看一下这些情感对他们的影响。我们邀请了一些人来到瑞典公共服务公司 SVT,理由是请他们来帮助评估一个新的电视节目主持人。他们所不知道的是我们已经把他们分成了两组,并且让他们在完全不同的环境中等待上场。在一个房间内,我们尽量把房间装饰得赏心悦目:点着蜡烛,播放着古典音乐,预备了飘香的咖啡,摆放着水果和点心。而另一个房间则尽量弄得一片狼藉:整个房间像个破山洞,散发着难闻的气味,毛坯墙面,脏兮兮的家具,腐烂的水果,装在暖瓶里的冷咖啡。我还在墙上贴了一些武器的照片,因为看到武器可能会引发攻击性行为（尽管这些武器只不过是照片或装饰品）。等参与者对他们所处的环境完全清楚之后，我开始关心这种激发效应实验是否会顺利进行。当他们在等待进行"评估"和试镜时，一台隐蔽的摄像机开始对他们进行拍摄。两组人员都明显表现出他们对所处环境的感受。我希望不同的环境能让参与者处于不同的情绪状态，并且在离开房间时还保留着这种强烈的情绪。20分钟之后，两组人员被带到了一个全新的中性环境中，并重新介绍彼此认识。他们在这里接受了任务：对我进行评估。我简要地做了自我介绍，并简短地介绍了我们即将开拍的一个实际并不存在的电视节目。我在语言表述和行为举止上相当谨慎，使之可以有多种不同的理解。换句话说，我表现得既不过于自信，也不过于怯场，既不刻意讨好别人，也不显得过于无礼。如果他们不知道自己为什么心情好或心情糟，或者说如果他们没有意识到自己的感受，我希望这些实验对象能开始寻找引发他们情绪的可能原因：我。如果他们真的知道自己为什么会产生这种积极或消极情绪，也就是说，如果他们知道自己的情绪是他们之前所处的环境引起的，那这个实验就没有效果。此时他们可能就会知道他们之所以情绪不好是因为那张脏兮兮的沙发，而不是因为我的粗鲁表现。

实验结果令人震惊。所有在舒适房间内等待的人都对我做出了正面评价，而所有在脏乱差房间等待的人都对我做出了负面评价。尽管这两组人在"等候室"等待期间都表现出了自己是否心情愉快，但他们似乎没有意识到这一经历影响了他们后来的判断。

实验结束之后，我告诉了实验对象我们所做的一切。有趣的是，我们竟然有了意外收获——心理学家称之为"奇幻思维"，或者是"幻想式关联"（是不是有点儿拗口？），或者是简单明了的"胡思乱想"。为了让大家更容易地理解我的意思，我想先给大家举几个例子。心理学家查普曼夫妇曾进行过一个实验，他们把一些男孩和女孩的心理档案（其中一些是"健康的"，另一些是"有问题的"）与同一组中其他孩子画的画随机搭配，然后让一些心理学专业的学生根据"他们的"档案，解释一下这些孩子画这些画的原因。也就是说，他们没有告诉学生们这些画与那些档案是随机搭配的。所有学生自然是尽其所能、想尽一切办法解释这些画与孩子们性格特征之间的联系。真正有意思的地方在于：当告诉学生们这些画与档案之间并没有真正联系的时候，这些学生依然坚持认为他们的解释是正确的，至少从原则上讲是这样的。

这就是胡思乱想或奇幻思维，意思就是即使有证据证明事物间并没有联系，但我们依然会继续寻找其中的联系。这似乎表明，即使发现了我们对他人（或自己）的看法是基于并不存在的联系，也不足以让我们重新考虑这些看法。

蒂莫西·威尔逊尽管意识到自己对菲尔的认识出现了错误，

但他并没有告诉我们他是否在得到新信息之后改变了对菲尔的看法。同样，在我的《头脑风暴》节目的实验中，对我做出"负面评价"的一些小组成员仍然不喜欢我，即使我们向他们解释了他们为什么会产生那种感受，以及他们的感受是由他们之前所处的环境引起的，而不是由我的出现和行为引起的。或许你认为你可以很容易地告诉自己："噢，我是因此感到恼怒的吗？原来如此啊。我现在明白了这一切与亨利克无关，觉得他其实是个不错的家伙。"但我们却不是这样做的，这有时是件好事，有时不是。事实上我们的一个实验对象是这样说的："好吧，好吧，也许事情真的像你们说的那样，不过我仍然认为他就是个来自斯德哥尔摩的自以为是的小市民。"

在很多情况下，你并非孤身一人处于特定环境中，通常还有其他人，你们可能是因为某个特殊原因聚集到一起的。我们把人与环境的特定组合称为"情境"。这通常更恰当地描述了你所处的实际环境，因为你几乎不会无缘无故地处于某种特定环境中。这种情境可以是在市区购物、在看台上为自己喜欢的球队加油或者是出席某人的婚礼庆典。情境对我们有着强烈的影响，甚至比环境的影响还要强烈，因为环境只有被视作情境的一部分时才有意义。

美国斯坦福大学荣誉退休教授菲利普·津巴多是影响力研究

方面最权威的专家之一，他在1971年进行了一个实验，得出了令人震惊的结果。在那之后，这个实验声名远播，不但帮助我们理解人性，而且成为纪录片、许多著作以及最近一部故事片《斯坦福监狱实验》的题材，甚至还有一个朋克摇滚乐队以这个实验为乐队命名。津巴多教授专注于情境研究，更确切地说，他想弄清楚美国监狱里的人际关系为什么会表现得如此残忍。是因为只有性格残忍的人才会申请去做那样的工作吗？还是跟实际的情境和环境有关？津巴多和他的团队在心理系地下室中建了一座模拟监狱。其实所有设备不过是一条昏暗的狭长走廊、一间浴室和3间小牢房，牢房的门被漆成了黑色。然后，他们在当地一家报纸上登出了一则广告，招募志愿者参加实验，并从中挑选了21个被认为心理健康的人，随机进行分配，让他们扮演狱警或犯人。他们给狱警发放了制服和墨镜，并命令他们要确保维持监狱秩序。犯人们也得到了囚服和替代名字的编号。犯人们被关进牢房，狱警们开始轮班值守。实验就这样开始了。

第一天夜里，狱警们在凌晨2点叫醒犯人，让他们做俯卧撑和其他动作。第二天早上，犯人们开始反抗。他们撕掉自己的编号，拒绝走出牢房。狱警们的反应是扒掉犯人的衣服，用灭火器向他们喷射二氧化碳，把"带头捣乱者"关禁闭（关进衣橱里）。随着实验的进行，狱警们的行为越来越出格。他们强迫犯人们戴着手铐，头上套着纸袋，沿着走廊来回游行。在随后的几天里，狱警和犯人的表现都只能用神经质来形容。36小时之后，有个犯人开始出现歇斯底里的症状。他和另外4个实验参与者被终止实验，并被诊断出处于极度的精神抑郁、愤怒和严重的焦虑状态。

其中一人解释说："我开始觉得失去自我，不认识那个名叫克莱的我，也就是那个将自己送到这个地方、自愿进入这个监狱的我——因为对我来说它曾经是个监狱，现在仍然是个监狱。我并没有因为它是由心理学家管理，而不是由政府管理就认为这是个实验或者是一场模拟活动。我开始感觉那个决定把自己送进这间监狱的我距离自己很遥远——远到不再是原来的我。我是416号，我真的成了一个编号。"

这种感受非常类似于现实生活中监狱里真正囚犯的自我告白。真正令人感到恐怖的地方在于：所有这一切都发生得非常迅速，并没有人告诉狱警应当如何去做。他们本来都是心理健康的正常人，而且本来也可能扮演犯人的角色。但在短短几个小时的时间里，他们已经开始表现得相当残忍。仅仅36个小时之后，第一个犯人就不得不因为严重的心理崩溃而被释放出来，虽然之前此人被视为状态稳定、心理健康。津巴多原本计划进行为期2周的实验，但6天之后就不得不叫停，因为形势已经失控。

对你来说这可能看起来有些不可思议，但是如果忽略你所处的环境或情境可能对你形成的控制，那绝不是明智之举。把我们变成邪恶的畜生只需要3个黑漆漆的牢门和与他人的特定关系——你是狱警，他是囚犯。

如此看来，一些完全随机的事物，比如你所处的环境、所遇到的人、别人告诉你的关于他人（或你自己）的错误的看法，似乎都能够让你形成关于你自己以及他人的持久看法。即使后来发现真相也无济于事，即使事实证明其中没有联系，你的观点是建立在错误认识的基础之上，你依然会继续坚持自己之前的观点。因此，做出判断之前一定要谨慎，反复观察周围环境，让自己充分意识到周围环境可能对自己的行为和思想产生的影响。

如果你心存疑虑，那么也许你应当考虑一下自己所处的环境、他人刚刚对你说的话或者你刚刚读到的内容是否在无意中影响了你对某事的看法。例如，你马上要听到的政治演说，你手里拿着的阿迪达斯运动鞋，那个魅力四射的宗教领袖，甚至你对自己的看法。如果你在冬季感到情绪压抑，那不足为奇，因为彼时的户外肯定是一片晦暗、阴冷的景象。

注意力分散

监狱实验让津巴多声名鹊起，但在这之前他已经得出下面这一结论：在试图影响人们的过程中，略微分散人们的注意力可以更容易地达到这一目的。不过，并非所有的干扰都能奏效，只有那些被视为积极正面的注意力分散才有效果。津巴多在一些实验中采用了他所谓的温和的、性感的分散注意力的手段。当即将受到影响的人们在聆听演讲时，演讲者的助手站在了会场入口处。这位助手是一位年轻貌美、衣着暴露的女性（我想津巴多的实验对象大多是男性）。同该助手不在场的情况相比，或者同采用"中性"助手（也就是说助手缺乏魅力）的情况相比，性感助手在场时听众赞同演讲者的可能性要大得多。尽管听众的注意力分散、实际记住的演讲内容更少，但赞同的比例依然更高。

津巴多想象的是，如果略微分散注意力能够引起观点上的细微差别，那么更大、更有力的注意力分散行为应当能够产生更强烈的效果。然而，决定是否产生效果的并不是干扰自身，或者是干扰强度如何，重要的是干扰因素（在这个例子中是那个性感的助手）在人们身上引发的联想和反应类型。正是这种反应影响了你对听到的信息的看法，决定了你的赞同程度。（当然，如果你无法专注于演讲内容，只记住了对演讲内容的感觉，那也是会有所帮助的。）

津巴多想弄清楚，相对于外部干扰，我们是否也受到内部干扰的影响，比如关心、厌恶、喜欢或激情之类的感受，我们也能受到同样的影响吗？当然，这才是津巴多想让听众受到的那种影响。唤醒听众情感的是外部刺激，或者是干扰（那位性感的助手），但是促使他们赞同演讲者的却是他们体内突然上升的荷尔蒙，这种荷尔蒙让他们感到温暖惬意。

午餐

研究专家格雷戈里·拉兹兰发现，我们对于在吃东西时遇到的人和事感觉更好一些。心理学家对此采用的术语是"移情"，而拉兹兰则称其为"午餐技巧"。但实际上这就像是巴甫洛夫的狗一样。在很长一段时间内，巴甫洛夫每次在给他那些著名的狗狗喂食前都会摇铃铛，结果最后铃铛的声音就同食物联系起来，狗狗们一听到铃声就会自动地流口水。拉兹兰意识到，除了流口水之外，我们还可以把其他事物同食物联系起来。

我不知道实际情况如何。就我个人而言，我流的口水很多，但我听说有些人不怎么流口水。不知道你属于哪一种情况，但不管怎样，它表示的意思都是一样的。当然，可以通过有效的直接联系把对食物的反应转移到其他事物上。比方说，在提出新的预算方案的同时向你提供食物，这样就可以建立起这种联系。但重要的是，要在讨论预算方案之前让你体验到美食带来的温暖惬意的感觉，否则事情的结局就会像下面提到的瑞典自然与文明出版社那样。

不久前我参加了一次出版界举行的活动。晚餐期间，所有的与会代表、出版商、作家、书商、图书管理员以及书迷们欢聚一堂，互相交流。经过漫长而又紧张的一天活动，走进餐厅时所有人都饥肠辘辘，立刻就座准备开吃。就在上餐之前，来自自然与文明出版社的一位代表站起来讲话。他们刚刚出版了马库斯·奥加雷编写的一本烹饪书。而尤为令人惊喜的是，他们竟然请他来为大家烹饪晚餐。真是聪明之举！自然与文明出版社用了一两分钟的时间向我们介绍了这本书，而来到现场的马库斯自然也当仁不让地向我们详细介绍了将要上桌的盘子里的菜品。这种做法真是不错，可以说是安排得相当巧妙。如果格雷戈里·拉兹兰当时在场的话，他肯定会笑得非常灿烂。假如不是他们忽视了一个很小但却极其重要的细节的话，格雷戈里应该会笑到最后。这个细节就是：他们试图推销马库斯及其作品，然而当时听众已经感到非常饿了。现场的人们都不太满意，大家肚子饿得咕咕叫，只希望讲话者快点儿结束，这样大家就可以填饱肚子了。倘若出版社能够等上10分钟，让饥肠辘辘的人们填饱肚皮，待酒足饭饱产生积极正面的情绪及某种愉悦感之后，再进行兜售，那么自然与文明出版社可能就会一举成名，赚得盆满钵满。现在可倒好，马库斯的烹饪书本来可以在当晚赢得大家的赞誉，现在却被扼杀在摇篮中。这不是他的错，这只是有关激发效应的一个负面例子。

正如大家所理解的那样，这个故事里的食物完全可以替换成任何一种事物，只要我们觉得它是积极正面的就可以。只要这种事物具有某些特点，我们可以通过某种方式将其与预期的想法、产品或人联系起来就可以。现在大家一定明白了为什么在瑞典连锁服饰品牌 H&M 的广告里总会出现性感的模特或名人，为什么广播电台喜欢在播放流行歌曲的前后播放他们自己的广告词：铃声一响，我们就开始流口水并缴械投降。

一个典型的例子：好奇的乔治

在 2006 年上演的精彩儿童动画片《好奇的乔治》中，出现了几处植入性广告，但是相关人员对于植入性广告出现的时机进行了严格把握。影片开始时，小猴子乔治偷偷溜上了一艘轮船，最后来到船上的货仓。很快他就发现这里是个好玩的地方，可以尽情地调皮捣蛋。当乔治撞翻一堆板条箱时，场面达到了高潮：板条箱被撞得七零八落，露出里面装着的大量神奇的水果。乔治胡吃海喝一顿之后，很快坠入梦乡。

在这一场景中，可能观众中所有的孩子（或者大人）此时此刻都会对乔治以及他的滑稽表演产生共鸣。因此，当乔治得偿所愿，感到心满意足的时候，观众里的孩子们也会产生同样的感受。就在此时此刻，就在所有人都感到舒心惬意的时候，我们看到了全部板条箱上印着的商标"多乐牌"（Dole）。不禁让人佩服得五体投地！这个广告一下子就抓住了观众的心理！

热带水果经营商多乐的品牌商标立马同美好的感觉联系到了一起。乔治的行为使观众在感觉美好同商标本身之间建立了一种无意识的联系，其目的是让你在走进当地食品店看到多乐牌商标时的感觉好于看到奇基塔 (Chiquita) 商标时的感觉。该影片后面出现的画面证明了上面的场景经过了精心设计：乔治再次回到船上，来到同一个货舱，但这次的经历却不好玩儿了。乔治垂头丧气，觉得自己被抛弃了，心中充满悲伤难过的情绪。正如诸位所能预料到的那样，此时的画面上看不到任何一个印有多乐牌商标的板条箱，因为他们可不想让你把多乐牌商标同悲伤孤独的情绪联系在一起。

图 1-1　影片《好奇的乔治》片段

影片《好奇的乔治》中的另外一处植入性广告是乔治的朋友"戴大黄帽子的男人"驾驶的那辆大众牌汽车。这里的广告植入处理得也很巧妙。汽车经过重新设计，与影片整体风格相符。尽管"VW"的标志出现了一两次，但并不十分显眼，没有多乐商标那么明显。汽车在影片中并非重要道具，没有像多乐商标那样与某种特定的情绪状态联系在一起。但是，大众汽车的出现显然别有用意。在你购买的该影片DVD（数字激光视盘）的封面上，只有两个形象：一个是乔治，另一个就是大众汽车。

图 1-2　影片《好奇的乔治》DVD 封面

这可能会让从父母手里接过 DVD 的所有孩子感到困惑，因为汽车在影片里并不是个重要道具，但却出现在封面上，而影片中真正的主要角色——"戴大黄帽子的男人"却没有出现。因此，这辆汽车显然很重要，同时也表明了大众汽车瞄准的目标受众。在多乐商标的例子中，谜题很容易解开：如果我们能让孩子们在看到多乐商标时感觉舒服，那他们就会缠着自己的爸爸妈妈买多乐牌水果。但是，一个 5 岁大的孩子怎么会缠着爸爸妈妈买大众汽车呢？我能想到的唯一理由就是大众汽车比多乐水果做了更长远的规划，他们用这种方式将其商标植入儿童影片的最佳理由就是：他们试图逐渐把自己的商标变成日常生活的一部分，成为孩子们生活中的常见因素。可口可乐和 iPod（苹果公司的一款音乐播放器）已经设法使自己的商标完全成为特定商品的同义词：可口可乐不只是一种汽水，它本身就是汽水。同样，iPod 就是 MP3（一种便携式音乐播放器）。这是专属营销产生的结果，这种营销通常以孩子为目标受众。因此，大众汽车的目的是把大众变成汽车的代名词，因为 15 年后，所有看过《好奇的乔治》这部影片的孩子都到了购买人生中第一辆汽车的年龄。如果大众公司希望他们选择自己的产品，那么最好从现在就开始做工作，甚至可以解雇它的一些销售人员。这就是我们在这儿谈论《好奇的乔治》这部影片的原因。

为什么扔掉最后一块拼图的人罪该万死：我们喜欢完整的模式

我们拥有惊人的能力，可以把事物的不同部分组建成一个整体。事实上，如果我们不是一直在自动地做这件事，那我们就会处于一个非常荒诞的世界。果真如此的话，你就不会把透过篱笆看到的兔子看成是一只独立、完整的兔子，而是会将其看成是一只兔子单独的几个部分。如果确实是这样的话，那艺术家达米恩·赫斯特似乎一直在跟踪你，并且总是能比你领先一步，因为他喜欢分解动物尸体，将各个部分分开放进玻璃展柜里。

图 1-3　艺术家达米恩·赫斯特的玻璃展柜

此时，如果兔子从篱笆后面突然蹦出来，从视觉上看又成为一个整体，你就会感到非常迷惑不解。如果达米恩·赫斯特对此也感到纳闷，那么唯一的解释就得依靠魔术大师大卫·布莱恩了，这意味着事情已变得相当复杂。如果我们不喜欢某样东西，那这个东西就是复杂的。因此我们的大脑一直试图把我们看到或体验到的事物的各个部分当成一个整体。我们知道兔子是什么形状的，因此我们就认为我们看到的兔子身体的各个部分是一个整体。同样，假设桌子上那张纸的一角被压在咖啡杯下面，尽管你没有看到它，但也认为那是一张完整的纸。正是这一特点使得我们的视野盲点中不会留下空白。

我相信大家都知道有些地方是我们的眼睛看不见的盲区。人们在看清事物时，眼睛里的感光器必须接收到了信号。在眼睛与视觉神经相连的地方没有任何感光器，这就导致对应的视野范围内会出现盲区。我们的视野中应当有两个盲点，一个在右边，一个在左边。但我们却感受不到，甚至根本注意不到盲点的存在。之所以如此，是因为我们的大脑探测到视野中存在一个区域，我们对这个区域不了解，其模式是不完整的。因此，大脑所做的就是捕捉盲点周围区域的视觉输入信息，通过推断盲区内可能存在的视觉输入信息来"填空"。这就是为什么你可以通过把自己不喜欢的人的脑袋置于你的盲点内，从而对其进行"斩首"的原因。比如说，你正在注视着一个人（假如是瑞典魔术师乔·拉贝罗），此人站在一堵黄色的墙前面。然后你转动脑袋，直到乔的脸部处于你的盲点为止。此时你的眼睛会向大脑传递信息，告诉你这堵墙是什么样子，告诉你乔是什么样子，至少颈部以下是什么样子。但是在他头部所处的位置突然没有了视觉信息输入，你的大脑会利用盲点周围区域的信息——在这个例子中就是那堵黄色的墙，来填补你的盲区。从根本上说，大脑是在根据盲点周围的信息猜测那里的内容，其结果就是出现了一个没有脑袋的魔术师。这正是拉斯维加斯演出节目中引以为豪的表演手法。对于那些十分无趣或令人讨厌的人，采用这种做法也是非常有趣的，因为有些人没有脑袋的话会更有意思。

图 1-4　乔·拉贝罗与其盲点形象的对比：瞬间感觉

练习 3

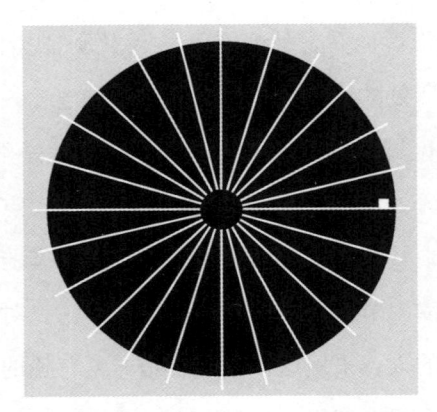

图 1-5　车轮辐条中间消失的"洞"

　　遮挡住你的右眼，用左眼观看图片中的白点，缓慢地前后移动图片，也可以左右移动，直到车轮的中心处于你的盲点为止。令人不可思议的是，车轮辐条中间的"洞"会消失不见。对于大多数人来说，一些辐条或所有的辐条看起来会汇集到车轮中央。导致这一幻觉的原因就是大家刚刚读到的内容：你的大脑捕捉的是周围的信息，这个例子中该信息就是辐条——认为你看到的东西都是一样的，并据此填补盲点空白。

　　我想此时此刻你已经急不可耐地跺脚，想要弄清楚这与影响力究竟有什么关系。是这样的，这意味着只要信息本身清晰，广告和宣传就没有必要表达得特别具体。相反，如果留出一些空白，效果可能会更好。大家还记得吗，我们的大脑喜欢完整的模式。当大脑发现模式中的空白时就会努力将其填补完整。我在前言中提到的微意识实际上就是一种认知模式，在这种认知模式下，我们一发现空白就会自动将其补充完整。这一点适用于所有类型的信息，而不仅仅是视觉信息。那个参与者进行填词活动的实验表明，我们甚至不需要明确表明自己的观点就可以引发他人的联想、情绪或行为，从而"激活"这些人受到激发效应的影响。提供部分信息就足以唤醒人们的间接记忆、引发联想。通过这种做法，我们实际上是强化了联系或者凸显了信息，因为大脑在补充完整模式时被迫进入创造性过程。对于宣传专家和广告商来说这无疑是件极好的事情：不必表达得过于露骨就可以让人们领会其中的意思。相反，采用这种聪明的做法，只提供部分信息，不仅可以触发你的无意识行为，甚至可以比直白地说出来效果更好。

　　我们十分善于在任何情况下自动补充完整模式，这就使得有意地遗漏信息成了一种有效的手段。一方面，这种做法可以让我们在信息不明的情况下自行构建信息的含义。如果清洁剂的盒子上写着"现在可以洗得更白"，我们立马可以断定把什么洗得更白，不必明白这句话真正的含义。（"嗯，这肯定是说比……更白"，但究竟是什么呢？是其他清洁剂？还是污垢？）遗漏信息的做法也能让我们停顿一下，哪怕是短暂的停顿，然后再去完成任务，专注于完整模式。在涉及影响力的语境中，这些"模式"显然是由词汇构成的，就像政治口号或广告宣传那样。

如果我们只是在瞬间看到纸质广告或电视广告（情况通常是这样的，因为我们翻书或换台的速度一般都很快），那广告就应当这样设计：让受众必须专注于一件事，完成这件事，并且看到信息之后能立即重复这一信息。使用缩写和不完整的口号可以使读者自己补充完整剩余的信息。这样做的时候，你也是在对自己重复这些信息。与完整的标识语相比，不完整的标识语更容易被记住，因为它们触发了大脑的自动完成模式，这意味着受众会比以往更加注意这些标识。

一个典型的例子：NGLI

维京游轮公司主要在波罗的海运营，其经营者将其标识进行了缩略。以前的标识是"Viking Line"，但他们做了较大改动，只保留了中间部分。为了确保我们的大脑知道这是一个需要补充完整的单词，而不是随便拼凑起来的4个字母，开头的字母"N"是不完整的，而字母"I"也被分成了两部分。这样这个标识看起来就像是用剪刀裁剪过一样。当然，在其他场合维京游轮公司必须注意采用完整的商标标识，这样才能维持其强大的声誉，并确保其家喻户晓。只有当"Viking Line"这个商标被我们的意识记住的时候，"NGLI"这个标识才有效。

图 1-6　维京游轮公司的商标标识

代代相传：影响力的遗传

我知道自己有点儿啰嗦，但还是要重复一下：你周围的所有事情都会对你产生影响。每当你看到、听到、闻到、尝到或者感受到什么事情的时候，随之产生的印象都可能让你产生某些想法或情绪，即便你不去想它，它也是存在的，无论你愿意与否。当然，这也意味着如果我有意要唤醒你的某种想法或情绪，那我必须要找到能够影响你的因素以及方式，然后利用这一点。

视觉印象是一种非常强烈的感官印象。但对我们来说，即使是用眼睛观察事物也必然包含两种特殊因素：颜色和形状。我们所看到的任何事物都可以归纳入这两个基本因素。人类进化给我们带来一种能力，使我们受到颜色和形状的种种影响。这是非常自然的，因为自从我们能够感知它们之后它们就一直是我们生活的一部分。这似乎显而易见，但实际上过程却相当复杂，需要我们的大脑进行极其复杂的思维活动，即便是对那些简单的轮廓进行辨识，也就是从周围事物中辨别物体形状，或者辨别物体位置也是如此。

经过几千年的进化，我们学会了把某些颜色和形状同某些特定的情绪和事件联系起来。但由于所有这些遗传下来的知识都是"现成的"，因而我们几乎意识不到我们平时对所看到的颜色和形状做出的反应。也有例外的情况：当颜色和形状变成具有文化意义的标识时，我们必须学习掌握其新的意义。例如，黑色背景中亮着的绿色人形标识表明我可以过马路，但类似的红色标识则意味着此时过马路是极其危险的，或者至少能引发讨厌的鸣笛或者急刹车产生的轮胎烧焦的味道。但每当我们看到一种颜色或标识时——无论是绿色的人形还是某个公司的商标，我们对它的感觉总能与我们头脑中的其他想法联系起来，而这些想法又同其他想法联系起来。大脑每被激活一次，这些联系就被强化一次。

这些"想法网络"或者"思维联想"让我们把两种想法联系起来，产生思维链。这可以帮助我们解决问题，或者产生不同的新想法。每一个新的联系都可能会在大脑中开启数百个甚至上千个新的思维路径。产生这种思维联系的方式多种多样，其中最常见的方式是它们是作为你学习所有事物的副产品出现的，因为学习本身就与自动建立联系有关。从一碗水果中拿起一个苹果的动作是否会让你突然想到一个电脑制造商,取决于当时你头脑中产生的联想。如果你咬一口这个苹果,那么这个苹果的形状、味道以及纹理会进一步提升你对苹果的认识。没有哪一种思维的过程是完全孤立的,它必须同其他事物存在关联。我们所有的记忆和经验都联系在一起——至少是通过潜意识联系在一起的,因为我们也可以迫使我们的大脑有意识地重叠某些想法、形象和思维,从而产生新的关联。正是因为我们的印象同之前的联想和思想(其中许多是靠进化遗传下来的)存在关联,所以颜色和形状才会对我们产生如此深刻的影响,几乎总能触发无意识的联想。这是我们下一章要讲的内容。

PART

2

买我所想

本书提出的方法适用于各种不同场合。首先，这些方法可以用来让你觉得各种货物和商品非常有用、吸引人和必要，愿意花钱购买。

鉴于这个原因，我想先仔细研究一下这种影响力。它不但是个极好的例子，目标明确，可以使用大量说服性技巧，而且我认为我们大家对它都很熟悉。除了那些过着隐居生活、从不购物的人之外，对我们中大部分人来说都是如此。我们每天都受到这些方法的影响，无论其目的是说服我们购买某种品牌的盒装牛奶，还是配备具有 GPS（全球定位系统）导航系统和自动转向照明系统的奥迪 Q7 轿车。

我撰写这部分内容的另一个原因是我们所有人都在过度消费，包括我自己。我们购买很多消费品时都没有经过认真思考，只是冲动购物，追求享乐或纯属胡闹。在很多情况下，我们买了一堆出门时根本没想过要买的东西。因此，说实话，生活中到处都是我们根本不需要的东西，甚至是我们后悔购买的东西，因为我们根本不明白那件针织衫为什么在商店里看起来如此迷人。但是，不知是什么原因，进店之后、结账之前我们稀里糊涂就产生了一种想法，认为这件针织衫可能是我们生活中最好的一件东西，值得购买，却几乎不会去想自己是如何产生这种疯狂的想法的。实际上，这种想法很可能不是凭空出现的，通常有人通过精心设计，让你一定会产生这种想法。现在是时候思考一下这个问题了：商店里的专业影响力大师是如何利用我们刚刚读到的这些方法，并结合其他神奇的心理学手段，让你每次进店都会产生这种抑制不住的购物冲动的。

练习4

我想让你暂时扮演一个图案设计师的角色，为一家非常时尚的新公司——祖莫工作。你刚刚接到一个任务：为口罩设计包装。客户想要两种不同的包装，一种吸引女性，一种吸引男性。我想让你考虑一下如何命名这两种不同的包装，如何设计包装图案，采用什么颜色，等等。不要着急，用心去做。如果你在此提前花上几分钟的时间，那么这部分读起来就会非常有趣。找到一支笔，然后在下一页空白处写下你想象的这两种包装的不同特点，或者更进一步，设法找到几支彩色铅笔。不要有所顾虑，你可以趁孩子们不注意的时候从他们那儿拿几支蜡笔，不断地勾画，直到自己满意为止。我们在这里并不是要寻觅大师级的杰作,你是唯一能看到这些设计的人,因为祖莫全公司只有你一个人,但重要的是你要亲手设计。过一会儿我们再回头看这些设计。

(不要因为在这本书里涂鸦而感到内疚,因为你毕竟花了真金白银买了这本书,所以你完全有权这样做,除非像我前面讲的那样,这本书是你借来的。但即便是你借来的也没关系,因为当你在前面的书页中乱涂乱画的时候,书的主人就该把书收回的,但她没有这样做,所以放心大胆地画吧!)

我的包装设计 I: 女用口罩	我的包装设计 II: 男用口罩

我猜你刚才的设计是基于你自己对女性或男性的理解，但这种理解从何而来呢？它不可能是你自己编造出来的。让我们从随处可见的事物开始吧：颜色和形状。

我们都住在黄色潜水艇里：察"颜"观"色"

> 你必须明白，人类对语言有着内在的抵御机制，但对形状（图像和符号）或颜色却没有同样的抵御机制，因为我们没有意识到形状和颜色对我们产生的影响。
>
> ——颜色研究所 邦尼·劳

颜色无疑是可以用来表达情绪的最有效的工具。"无意识身体反应"，即眼球运动、大脑活动和心跳等表现表明我们在看到颜色时能迅速产生强烈的反应。颜色同我们的交流是在非语言层面进行的，通常是无意识的。文字与图像需要通过审查或者调节，但颜色无须如此。我们能取缔颜色吗？或许有人之前曾尝试过，但没有成功，不是吗？无论你是在卖东西、讲故事，或者是在交流科学思想，都可以用颜色赋予你的信息增加大量额外属性。欧内斯特·迪希特（1904—1991）是一位颇具影响力的心理学家和市场营销专家，他的实验为动机研究（即有关促使我们采取行动的科学）奠定了基础。他在有关颜色对我们心理的影响方面得出了如下结论。

- *颜色能引起我们的情绪变化。*
- *颜色能刺激我们。*
- *颜色能使受众产生更强烈的认同感和情感投入。*
- *颜色能在信息内部产生整体凝聚力。*
- *与形状相比，颜色更容易被感知，并且是在人生的更早阶段被感知。*
- *颜色是直接的、情绪化的，而文字必须有所表达。颜色不需要翻译，可以直接被理解。*
- *颜色的影响是持久的。*

长期以来，颜色的使用及其含义一直是人们激烈辩论的主题，部分原因在于我们大脑中处理颜色的区域同控制我们语言行为的区域是完全分离的，这就意味着我们在谈及颜色时很难找到恰当的词语。事实确实如此。并且颜色也不仅仅是颜色，因为颜色所带来的整体情绪体验以及我们联想到与颜色有关的事物总是随着色调的变化而变化的。不过，即使这种变化对我们来说非常明显，我们也很难找到确切的词语对其进行准确描述。当我们看到不同颜色搭配在一起的时候，其综合效应引起的反应不同于单独的某种颜色引起的反应。这真是十分微妙啊!

练习 5

这里有份常见的颜色清单。请写下每一种颜色让你联想到的情绪、记忆或想法。不要过多去想产生这些联想的原因,只要随意写出来就可以了。

红色:_____
黄色:_____
蓝色:_____
绿色:_____
紫色:_____
黑色:_____
白色:_____

在研究人们对颜色的无意识反应时,最主要的问题是难以把握身体自动反应与实际行为之间的关系。没人会质疑人们能对颜色和形状做出反应,但要想准确弄清楚某种脑电波对购买熏肉或一瓶乳液的反应方式就要更困难一些。找到办法让人们出汗和找到办法销售货物之间没有明显的关系,除非你卖的是香体剂,我是这么认为的。

无意识反应历经数万年的进化与调整，更多时候是由消极行为而不是积极行为引发的。下面我们看一下人们对颜色的一些常见反应的起因，这其实很简单，但也很有诱惑力。

红色意味着温暖和激情，比如一摊猩红色的血迹。
绿色意味着安全，比如代表食物充足的富饶土地上的翠绿。
蓝色意味着宁静，比如晴朗的天空。
黄色意味着魅力和刺激，比如太阳。

尽管这些观点有一定道理，但也许并没有那么简单。早期人类可能学会了区分他们身边的诸多色调，并且主要根据他们感知颜色的环境进行判断。世上并非只有一种蓝色、红色或绿色，而是有数百种颜色，并且每种颜色都有其含义，这一点毫无疑问。下面是我从大量资料中——比如宗教典籍、新时代作品和文化人类学研究领域找到的几种常见颜色引发的联想。大家比对一下，看看有多少与你相符：

红色：活动、体能、激情、活力、热度、危险、意识
黄色：灵感、温暖、快乐、高兴、正能量、专注
蓝色：平静、水、静止、安全、天空、皇室、无意识、能

力、寒冷

绿色：创造力、个人成长、进步、生命力、理智与情感的结合

紫色：王权、蓝色与红色的平衡、声望、品质、友好（但在拉丁美洲，紫色意味着悲伤、死亡与寒冷）

黑色：神秘、深度、悲伤、局限、未知、毁灭、愤怒

白色：纯洁、清白、声望（在亚洲，白色意味着悲伤、虚弱和水）

当然，还有更多含义，并且如今你也可以自己创造出其他含义（就像可口可乐公司曾经做过的那样）。但是，上面这些例子让我们更容易理解为什么很多航空公司都使用蓝色、红色和白色。这并不是因为他们挥舞的是美国国旗或法国国旗，而是因为他们充分考虑到了人们对不同颜色的无意识联想。蓝色代表的是专业、能力和可靠，但由于蓝色也是一种"冷"色，所以他们就用红色来弥补，表示激情与体贴。所有这一切都是以商务化的白色为背景。

颜色还能传递动感。例如，我们经常会感觉黑色的圆圈仿佛在向我们移动，而同样的粉色圆圈似乎朝着与我们相反的方向移动。

最喜欢的颜色

在让人们想象某种颜色的时候，大家经常会想到红色。但我们能直接想到的事物并不一定是我们喜欢的事物，这只不过意味着我们时刻准备着留意它。红色通常是危险的信号，比如我们体内的血液或者太烫手的东西，因此我们实际上并不太喜欢红色。相反，我们比较喜欢蓝色。蓝色是世人最喜欢的颜色之一，无论走到哪里，人们都喜欢蓝色，尽管不同文化中的蓝色有不同含义。在西方，蓝色经常与平静、静止和忧郁联系在一起。不过在中国，蓝色代表技术、力量和可靠。

你也许认为红色至少是世界上第二受欢迎的颜色，但事实上红色甚至没能跻身前三。第二不是红色，世界上排名第二的流行色是——紫色！由于某种原因，紫色被视为一种女性专属色。早在埃及艳后克利奥帕特拉时期，女人就喜欢紫色。时至今日，把紫色作为自己最喜欢颜色的女性数量是男性的两倍还多。与男人相比，女人赋予了紫色更多的感情色彩。关于紫色有个有趣又鲜为人知的故事：紫色是公认的"催眠色"。但这并不是说紫色对我们的无意识有着更强烈的影响，只是因为奠定现代催眠疗法的弥尔顿·H.埃里克森碰巧是个色弱患者。据说紫色是他最容易辨别出来的颜色。

最受欢迎的第三种颜色是环保色——绿色。

在其他国家的人的眼里，瑞典是白色的

心理学家兼市场营销天才路易斯·切斯金（1907—1981）被认为是唯一能与欧内斯特·迪希特争夺史上最著名的动机研究专家称号的人。切斯金创办的公司现在依然在根据他制定的方针进行市场营销分析和调查。切斯金研究所于 2004 年在全球范围内进行了一次有关颜色含义的研究，他们采访了来自 17 个国家的 12 929 人，针对人们最喜欢的颜色以及另外 8 种颜色展开调查。此次调查的目的是让企业更好地了解企业商标的颜色在瑞典和印度是否表示同样的含义（通常是不一样的）。他们还要求被采访者把颜色同某些国家和公司联系起来。有人可能会想，与某个国家有关的某种颜色或某些颜色是由该国国旗上的颜色决定的，但事实证明其他国家的人却不一定这样看。

几乎每个瑞典人都把自己的国家同国旗的颜色联系在一起：蓝色与黄色。也有人想到了第三种颜色——绿色。（我不确定这些人是因为想到了瑞典森林还是不喜欢他们的国旗颜色。）但那些没有居住在瑞典的人除了想到黄色与蓝色之外，几乎都想到了白色。在他们看来，瑞典显然是个多雪、干净的国家。相比之下，接受采访的瑞典人中只有 8% 把瑞典和白色联系在一起。经过认真思考，我认为这可能是因为切斯金的调查是在 6 月和 7 月进行的缘故。在夏季，我们大部分人都不肯接受冬天还会再次来临的

事实。

日本人和韩国人把他们自己的国家看成同国旗一样的颜色，即红色和白色。其他国家的人也是如此。另一方面，将近1/3的人把墨西哥看成是黄色或橙色的，这也是他们不喜欢的颜色。我猜这是因为他们一想起墨西哥，眼前就会出现黄沙漫天的沙漠景象。

几乎所有美国人都把他们自己的国家看成红色、蓝色和白色，和星条旗的颜色一样，代表的是荣耀。大约30%的受访者还把美国想象成黑色，但在其他场合，我们通常会把黑色同愤怒、攻击和大块的煤炭联系在一起。法国人最喜欢把美国看成是黑色的（这是自然的），34%的法国人是这样做的，因为在他们看来，作为曾经荣耀一时的国家，美国逐渐堕落，给世人造成了越来越多的破坏和伤害。路易斯·切斯金称黑色为"色轮卡莉"，这是印度教中象征毁灭与死亡的女神的名字。但是这项调查本身也提出了一种解决方法：美国需要在其国旗中增加一点点黄色。黄色代表太阳、幸福和温暖，能让人们充满活力，感到幸福。为什么不呢？我希望看到美国的新国旗。

颜色与消费

对现代人而言，颜色的含义已经成为我们文化中的一个基本元素，不再是单纯的生存必备知识。这对市场营销者来说是件好事，因为现在，我们可以赋予颜色从未有过的象征意义。红色不仅仅表示热度、激情和鲜血，它还代表可口可乐。在谈及存在于人类基因中的对颜色的联想时，作为市场营销者，你不必知道每一种颜色的意义，以及它们在不同国家、地区、性别和年龄群体中有什么不同含义，你需要做的就是找出你此刻需要的意义。找到它很容易：可以询问人们，尝试一下，然后看看会发生什么。

迪希特进行了一项研究，调查咖啡的包装颜色对人们体验到的咖啡口感会产生怎样的影响。首先，迪希特煮了一大罐咖啡，将其倒进4个不同的杯子里。桌子上摆着4个咖啡罐，上面没有任何标记，除了颜色之外完全一样，4个罐子分别是深棕色、红色、蓝色和黄色，每个罐子前放了一个杯子。然后实验对象被带进房间，品尝4个杯子里的咖啡，并在给出的如下4个评判中选择一个。

（1）口味和/或香气过于浓烈

（2）口味和/或香气浓烈

（3）口味和/或香气适中

（4）口味和/或香气过于清淡

对于杯子后面的4个罐子以及咖啡的出处，实验者只字不提，只是把罐子摆在那里。如果实验对象的评判完全是随机的，那么通常来说，每一杯咖啡得到的评判结果应当是一样的，实验对象给出的结论序号应当是相同的，但结果并非如此。73% 的人觉得放在深棕色罐子前的咖啡口味"过于浓烈"，84% 的人觉得放在红色罐子前的咖啡口味"浓烈"，79% 的人觉得放在蓝色罐子前的咖啡口味"适中"，87% 的人觉得放在黄色罐子前的咖啡口味"过于清淡"。

包装采用的颜色显然导致人们对装在里面的东西的口味产生了心理预期。在其他条件相同的情况下，这些心理预期会影响我们的口感，且并不仅仅局限于口感这一个方面。在与咖啡实验不同的另一个实验中，实验者把同一种香体剂分发给实验对象，但分为 3 种不同包装，包装的唯一不同是所使用的颜色。实验者告诉实验对象这是 3 种不同的香体剂，要求他们对其进行评估，并根据自己的喜好，从中选出他们认为最好的一种。结果表明，选项 B 最受欢迎。对其进行测试的实验对象在使用完后感觉神清气爽，没有刺激性味道，能让身体在长达 12 个小时的时间里保持干爽舒适。选项 C 被认为气味浓烈却效果一般。选项 A，说实话，令人感到有些恐怖。多个实验对象的身上出现了皮疹，其中 3 个症状严重，不得不到医院就诊。但实际上，这是同一种产品，只是采用了 3 种不同颜色的包装而已。造成这种差别的完全是人们的想象力和心理预期。

不过不能一概而论——这并不意味着我们发现所有黄色食物的口味都很清淡，还有其他因素在起作用，比如色调。不同色调能引发不同联想：当雪碧将其商标的黄色色调增加10%时，突然收到很多顾客的投诉，他们想知道为什么雪碧里面的柠檬成分比以前多了。

如果我想用一幅图来影响你，我当然会考虑希望唤起你怎样的情绪或联想，从而使用恰当的颜色。为了增强我的非语言信息对你的无意识产生的影响，我可以把颜色同两种基本视觉元素中的另一元素——形状相结合。

世上流行正方形：用形状影响他人

巧妙地运用颜色可以极好地激发人类的基本情感。颜色代表了自由的情感表达，但情感反应的方向却是由颜色周围的符号决定的。颜色受情感驱使，无序而随意，能让我们迁就于情感。然而形状却代表了某种程度的控制和秩序。形状必须有始有终。没有轮廓，就没有形状。形状通过这种方式定义了事物的界限，而这是颜色无法做到的。你可以说颜色是形状的对立面，这有些类似于米洛斯·福尔曼执导的影片《越战毛发》与莱妮·里芬施塔尔执导的影片《意志的胜利》之间的差别。但显然形状代表了不同程度的秩序，可以代表不同事物。飞速勾勒出来的形状可能意味着困惑，而精心设计出来的形状意味着全面的认识。除了体现不同程度的秩序以外，形状也可以像颜色那样表达情绪：明快尖锐的线条通常表示攻击或兴奋，而波浪式的长线条则有女性的特点，等等。

　　路易斯·切斯金是首批研究产品包装引发人类情感反应的研究人员之一。在他最著名的一项实验中，他对同样的一种产品设计了两种不同的包装，一种上面画着圆圈，另一种上面画着三角形。他没有要求收到包装的实验对象对包装进行评价，而是要求他们告诉他更喜欢哪种产品。他们中 80% 的人更喜欢包装上面画着圆圈而不是画着三角形的产品。实验对象给出的理由是：这种产品质量更好。尽管包装里面的两种产品完全一样。切斯金对 1 000 人进行了实验，得到的结果都是相同的。从某种程度上说，这些实验对象把包装引发的情感转移到了包装内的产品上。切斯金又试着改变了一下实验内容，这次他要求实验对象仅凭商品外包装来判断自己更喜欢哪种产品。（跟之前一样，几乎所有人选择的都是包装上画着圆圈的产品。）接下来，切斯金要求他们试用该产品，然后说出他们更喜欢哪一种产品。改变主意的人不超过 2%，大多数人坚持他们原来对产品的看法，也就是他们仅凭包装得出的看法。切斯金对大量不同产品进行了这一实验，得出的结论是包装的作用巨大，它能够决定我们对饼干味道、肥皂去污能力或者啤酒口感的看法。这种现象被称为"感觉转移"。

当然，切斯金记录的这种有关形状的感觉转移同迪希特在其咖啡实验中观察到的有关颜色的感觉转移结果是一样的。

我们似乎非常不善于把产品和包装区分对待。尤其是现在，有很多产品卖的完全是包装，而不是产品本身，例如牙膏。而且我们更看重的是关于产品及其优点的创意，而不是产品本身具有的特性。正如我在一开始写到的那样，这些都与我们的情感有关，无论这些情感是如何产生的。

但是，切斯金的实验还揭示了另外一件有趣的事情。我们已经知道三角形是一种能迅速引起我们注意的形状，就像红色是特别引人注目的颜色一样。当颜色与形状结合在一起时，效果极其强烈，这就是警告标识很管用的原因。不过，我们能迅速地注意到三角形或其他锯齿状图形，并不意味着我们喜欢它们。以黄色为例，黄色是我们看得最清楚的颜色，但用它做包装却会引发负面联想，比如让咖啡尝起来味道过淡。

在拍摄《头脑风暴》时，我想重复切斯金关于圆圈和三角形的实验。我找不到任何信息能够表明切斯金的包装除了圆圈和三角形之外还有什么其他特征，也找不到任何文字或其他图形，但我希望能确保实验对象不会产生我不想让他们产生的印象。为此，我选择了一种人们对其味道非爱即恨的商品：瑞典软饮料特罗卡泰罗（Trocadero）。我把一些特罗卡泰罗饮料瓶包装起来，标签上面除了字母"A"或"B"以外，就只有圆圈或三角形。为了确保万无一失,我还制作了两个一模一样的大牌子,目的是制造强烈的激发效应。

一切准备就绪之后,我带着这些奇怪的苏打水瓶子以及同样奇怪的牌子,在瑞典诺尔雪平市的一家商场的中央柜台后面,花了整整一个上午的时间进行实验。每个路过并愿意停下来参与实验的人都被问到了这样一个问题:"哪一种饮料味道更好? A 还是 B?"

我原以为可以很容易就复制切斯金的实验结果,因为切斯金本人和其他人曾做过这个实验。但结果证明我错了,至少刚开始时是错的。尽管圆圈仍然更受欢迎,但我的实验结果远远达不到切斯金 80% 的实验结果。但我突然想到了一点:切斯金在 20 世纪 30 年代首次进行这个实验的时候,根据常理推测,他的实验对象应当是一群有着相同文化认同感的人,这同今天瑞典商场里的情况大不一样。我还意识到,"味道更好"这个短语隐含着价值判断。当我请实验对象定义什么是"味道更好"时,他们分成了两派,其中一派认为甜苏打水的味道更好,另一派则喜欢味道更冲的苏打水。我还发现了这两派内部的一些相同点:喜欢味道更冲的苏打水的人几乎都来自比另一派烹饪口味更重的文化环境。大部分实验对象都认为画有圆圈的苏打水味道更甜,而画有三角形的苏打水味道更冲。

我猜想当时切斯金可能是在完全不同的情况下进行的实验,

他的实验对象可能或多或少对"味道更好"都有相同的主观定义,比如"味道较甜"。这让我恍然大悟。自那以后,我改变了实验参数,终于如愿以偿地得到了与切斯金在70多年前同样的实验结果。而当我增加一些单独的销售技巧时,得到的数据迅速攀升到了90%。我运用的技巧包括身体语言、语音语调,以及利用词汇实现激发效应——这些词汇表面上与标签有关,但实际上也是对他们所喝饮料口味的描述,如"浓烈的""柔和的""冲的""刺激的"等。例如,有时候我会说:"现在你正在喝的饮料B属于比较刺激的一类。"看起来我似乎是在描述标签内容,但其实是在暗示该饮料的口味。我还会不断地说"请随意全部喝完"或者"再喝一点儿,不想把它喝完吗",至于具体怎么说,要看我提供的是哪一种苏打水。这些都不是很复杂,但足以引发品尝者的无意识倾向,使他们中90%的人都选择了我想让他们选择的饮料。

练习6

我们用来描述周围事物的词语是非常重要的。特定的形状"听起来"似乎都有特定的发音。下图中的1或2其中一种读起来是"噗啊",另一种读起来是"啾啾"。你认为它们分别是哪一种形状?

图 2-1　不同的图像代表不同的声音

这里还有另外一个例子：上图中的 3 或 4 之一听起来像是"啊啊啊啊啊啊啊"，另一个听起来像是"嘶嘶嘶哎哎哎哎哎哎"。你认为它们分别是哪一种形状？

除非你是故意找碴儿，否则你的答案很可能是这样的：

1. 啾啾　2. 噗啊　3. 啊啊啊啊啊啊啊　4. 嘶嘶嘶哎哎哎哎哎哎

事物外表和我们用来描述它的词汇发音之间的关系绝不是随意的，这是人类交流的基石之一，我们对这些关系似乎有着本能的理解，无论我们使用的是哪一种语言。

南美的土著部落对鱼和鸟之类的事物有数十种称呼。一个讲英语的人即使对这些土著词汇一个也不认识，也能很好地区分出哪些词汇是称呼鸟的，哪些是称呼鱼的。在回答"噗啊"和"啾啾"的问题时，95%~98% 的人给出了正确的答案。无论你是瑞典人还是泰米尔人——尽管泰米尔语字母表中用来表示发音像 B 和 K 的字母一点儿也不像我们的拉丁字母，形状也不一样，但结果都是一样的。这就表明我们似乎是根据事物的抽象特性（比如弯曲或尖利）来命名事物的。这一点在啊啊啊啊啊啊啊 / 嘶嘶嘶哎哎哎哎哎哎的例子中更为明显。有些人由于大脑受伤很难理解比喻，受此困扰的人也很难能像你刚才那样在形状和发音之间建立联系，甚至根本无法产生联想。

我们还喜欢赋予形状性别特征，把一些形状（比如方形和直角）视为男性的特征，把另一些形状（比如圆形）视为女性的特征。至于为什么我们认为圆形是女性的特征、方形是男性的特征，只能靠猜测了。当然，我们头脑中出现的一种可能的解释与身体形状有关，比如孕妇的圆形体态或者壮汉棱角分明的魁梧体格。但是这些解释似是而非，我们无法确认这些联系究竟从何而来。无论如何，在处理女性化或男性化的形状时，你必须使用听起来与之相符的词语。这种联系是开发新产品时必须仔细考虑的。想让人们购买你的产品，产品的所有方面必须匹配一致。产品的名称必须听起来像是产品的样子，包括产品的形状、颜色和"性别"。

产品名称无论是 HydroGel（剃须凝胶），还是 Pink（粉红，美国当红女歌手的艺名），道理都是如此。

当然，词语一旦被写出来或打印出来，也就有了它们自己的形状。要打印出一个词语，必须使用某种字体。所有的字体看起来都不同：有的厚重，有的单薄，有的高，有的低，有的结构复杂，有的小巧简单。你需要为你的词语选择合适的"形状"。下面这一练习是一个典型的测试，它揭示了形状、颜色与我们联想到的事物之间的关系。

练习 7

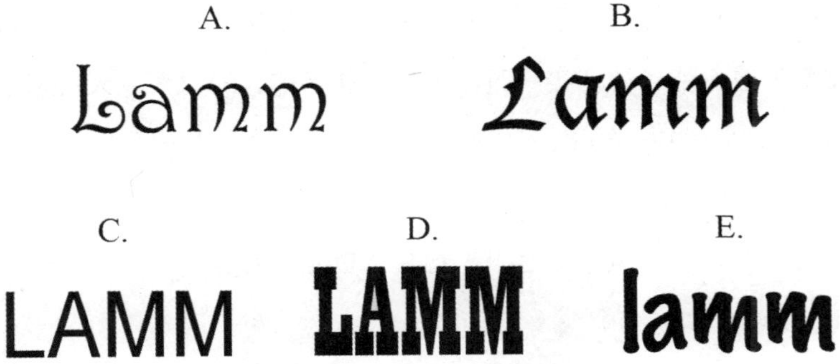

A. Lamm

B. Lamm

C. LAMM

D. LAMM

E. lamm

图 2-2　同一个单词的不同字体

这些单词被用在下面这些场合：

1　饭店
2　羊羔的名字
3　肉类食品柜台
4　老母羊
5　儿童图书的名字

如何将其进行匹配呢？请把数字写在你认为最匹配的标识的字母旁边。

A-　　B-　　C-　　D-　　E-

欧内斯特·迪希特在20世纪50年代进行这一实验时，大多数的实验对象都做出了如下的选择（必须指出的是，我已经自行改变了迪希特当初在实验时使用的一些字体，因为在今天看来他的手写体有些古怪）：

A-5　　B-1　　C-3　　D-4　　E-2

"lamb"（羊羔、羔羊肉）这个词会让人联想到柔软、温暖。用迪希特的话来说，这些都是典型的女性化特征。从图形上来看，它们都用鲜亮的色彩和波浪形、圆形的字母来表示。如果字体是尖锐、厚重的，那么即使依然使用鲜亮的色彩，可能也不会使人将之与"lamb"这个词联想到一起。

商标是极为常见的使用图形的方式。在看到商标时，你会将其视为一种图案、形状或符号，尽管其中通常包含很多不同成分。之所以如此，是因为你有能力启动自动填充模式。因此，除了文字信息以外，它还向你传递了关于公司和产品的所有联想。聪明的设计师会用不同的字体来表现不同的品质，比如力量、正直、温柔、传统、现代化、荣誉等等。标识还可以表现产品的形状或功能。可口可乐使用的具有独一无二形状的瓶子本身就是个很有影响的"标识"。即便你买的是罐装可乐而不是瓶装可乐，它也是可口可乐身份的一个重要组成部分，因为罐子上印着可口可乐瓶子的图案。精心设计的缩写字母也可以成为完美的象征符号，它们不仅是一组协调的字母组合，而且还是公司的象征。比如下面这两个例子：

图 2-3　代表世界著名公司的缩写字母

要想设计出有效的商标、迅速传递某种情感状态，或者设计出热销的包装，需要考虑大家刚刚读到的以上所有关于颜色和形状的因素。看一下之前你为口罩设计的那些美轮美奂的包装，很可能你已经在无意识中运用了与刚才了解到的颜色、形状和词汇相关的知识。如果你觉得可以让自己的设计更有效、更富于表现力，那就想方设法重新设计、改进升级吧。在结束有关包装设计的讨论之前，还有一个谜题需要解答，那就是包装的整体设计。

你不会把包装盒扔掉，对吗？——包装心理学

> 如果你想采取理性的行为，那你必须不惜任何代价设法使非理性看起来具有理性。
>
> ——欧内斯特·迪希特

在购买某件东西之前，你需要先知道这件东西的存在。当你站在商店内 10 种几乎完全一样的商品面前时，这些商品都试图引起你的注意。此时它们的竞争就体现在包装上。鉴于这个原因，我们看一下包装是如何制作得如此精美，以至让我们对其一见钟情的。

20 世纪 90 年代，一位美国人进行的研究表明，尽管消费者不会留意他们经过商品时看到的大量包装，但在超市或商场的半个小时时间里，我们依然可以有意识地把多达 11 000 多种包装记录在大脑中。由于每次购物平均能持续大约半个小时，所以这就意味着人们每 1/6 秒就能记住一种包装。因此，你从货架上看到并拿下来的第一件商品常常就是你最终购买的商品，这一点似

乎并不奇怪。商品给你留下的第一印象非常重要，即使这种印象只持续1/6秒。包装感染和影响我们的方式是我们注意不到的。

包装无处不在，其上面写着商品信息，里面包着实际的产品。有些信息是词汇和数字，直接指向我们的理性意识。但其他的信息元素——形状、颜色和图形，却穿过理性部分，直指我们的情感。本书开始时引用了托马斯·翰的一句至理名言。这句话用在这里非常合适，因此我想再重复一次：人们对于他们视作操纵行为的事物有着强烈的防范心理，因此，高明的操纵行为会让人们无从察觉，更别提弄清楚其中的奥秘了。

购物是个冲动的过程，而包装是引发无意识行为的最有效工具。说实话，在为产品设计包装时，我可以不假思索地传递出非常复杂的信息。很多研究已经成功地证明：我们在注意到商品的同时就会对其做出判断。注意和判断（"我想不想要它呢？"）要么同时发生，要么就是描述同一行为的两种方式。这意味着：在某些情况下，第一印象就是唯一印象——此后你的大脑基本形成了固定的看法。包装设计人员必须唤起你的无意识行为，确保你注意到了产品并想购买它。

通常，没有直接说出来或者单纯具有暗含意义的信息比实际说出来的内容影响更大。欧内斯特·迪希特给我们举了一个例子，说明了字里行间隐藏的联系是如何误导我们的。那是一则广告，广告的图片中详细地画出了一个复杂的飞机引擎。广告文本内容

（也就是有意识写出来的信息）告诉我们这一天才设计可以确保飞机的飞行安全。但人们对这一广告的认识可不是这样的。看到这则广告的人们同时也产生了一种感性的、无意识的解读。这幅引擎图片引发了一连串与广告设计者本意完全不同的联想，它把人们的注意力全都吸引到引擎错综复杂的结构上去了。每一个看到该广告的人都觉得实在难以信任这样一种东西，因为只要其中的一两颗螺丝出现问题，就足以导致引擎熄火，整个飞机就会坠毁。

如果单从广告文本表达出来的有意识信息看，广告公司的做法无可挑剔，但是广告画面传递出来的隐含信息却大错特错。在解读别人向我们传递的信息时，我们通常会在明确表达出来的信息中进行选择，不会注重隐含的信息。对颜色和形状的使用是两种产生影响力的方式。颜色和形状完全可以使我们绕过对表述内容的解读，直接激发我们最原始的本能：情感。借助颜色和形状，我可以通过暗示传递信息，完全不需要用语言来表达。我知道这听起来可能有点儿抽象，但不用担心，在接下来的几页我会给出具体的图示。

既然说到形状，我们一定不要忘了包装本身以及印在上面的图案。无论如何它都会传递出某种信息。事实上，包装的具体形状极其重要，它在很大程度上吸引了我们的注意力，包装的手感或打开方式这样简单的事情可以决定消费者是将其放回货架还是把它买回家。记得很多年前，我常常跑到城里，对着崭新的盒式磁带录音机垂涎三尺,对拥有它的人羡慕不已。我看见新录音机的第一件事就是按动磁带弹出键。这一步很关键,如果仓门打开得太快而且发出塑料摩擦的咔嚓声,那它的质量一定不怎么样。磁带弹出键适合测试任何一款录音机。质量过硬的录音机,磁带仓门应该缓慢打开,这样才显得有品位。

很多公司已经把产品包装看作产品形象的重要组成部分。例如我们前面提到的可口可乐包装。直到现在,只要一听到可口可乐这一品牌名,我们就会想到它的包装,尽管今天的可口可乐常常装在其他样式的瓶子或罐子里。

即使你只能看到产品的轮廓(比如,你碰巧出现在一个喜欢给商品打背景灯光的商店里),它也能向你传递很多信息。让我们来看几个简单的例子:规则的形状使人联想到保护和安全,较小的包装传递出一种力量感和专注感——大家可以想一下清洁剂的盒子为何变得越来越小。对人类和动物行为的研究表明,我们的肩膀有特别的意义。肩膀象征着力量和个性,这是因为所有高度进化的灵长类动物都具有一个相同的特征:体毛从身体这个部位开始向上生长。头发浓密的人甚至在肩膀上也长有毛发。当灵长类动物发怒时,它们的毛发就会竖起来,这使它们看起来体积更大、肩膀更宽。不同的文化用不同的方式来表达这一点。人们会使用一些东西来装饰肩膀,比如羽毛、小金属片或者20世纪80年代流行的那种夸张的垫肩。包装设计师也深谙这一点,所以意在让人产生威武强大印象的包装常常将其顶部设计得比底部更宽一些。

单凭我在这一部分讲述的这些影响人们的"原始"方法,你就大有收获了。接下来,你可以看到针对两个不同目标群体的相同产品采用了不同的包装。为了诱惑你买下它,设计师运用了很多相关知识,包括如何使产品的名字听起来朗朗上口,颜色能引发什么样的联想,或者形状对不同性别的人们的吸引力有何差异,等等。

一个典型的例子

让我们来看一下这两种产品——面膜与面部磨砂膏。

图 2-4　面膜与面部磨砂膏

我很难想象这两个产品有什么特别大的差别，但其中一个叫作"面膜"（Masque），这是个柔软、美丽、光滑的词汇，读出来时需要卷舌，有很多元音音素，听起来就像在用法语向其人示爱一样。另一个叫作"磨砂膏"（Scrub），听起来就让人不舒服，好像是个愤怒的军官发出的命令。这两种产品的名称有何特点呢？我们来看一下。

面膜（Masque）这个词具有女性化的特点，带有波浪形的印迹。磨砂膏（Scrub）这个词则棱角分明，男性化特点突出。那么它们在设计方面有何特点呢？我们来看一下。

毫无疑问，针对女性设计的面膜包装充满了各种赏心悦目的颜色，而针对男性设计的包装则线条粗重、笔直，蓝色字体上闪着银色的金属光。颜色方面还有什么特点呢？我们可以再看一下。

这实际上是一款同样的产品，但我难以相信会有很多男人购买面膜。这个例子想要说明的问题再清楚不过了。大家之前看到的设计跟刚才看到的设计类似吗？

毫无疑问，类似的研究还有很多。在一次调查中，调查人员询问参与者，包装的哪些方面让他们觉得产品质量较好。他们可以回答说他们发现包装上的信息值得信赖——这可能有些道理，或者可以回答说他们是根据产品说明做出的判断，甚至是根据包装盒的质量做出的判断。然而，这些都不是最常见的回答。最常见的回答是"根据包装的外观做出的判断"。40% 的回答者认为包装的颜色最重要（金色和红色最受欢迎，因为这两种颜色被认为是最讲究的颜色），20% 的人认为包装上的图案设计最重要（越复杂越好），18% 的人认为包装上的字体是最重要的因素。只有极少数的人声称他们是根据包装盒上的产品信息了解到自己购买的是高质量的产品。我们需要仔细想一想：我们真正购买的是什么？是产品还是包装？如果你有一台苹果 iPod，我几乎可以肯定你把包装盒保留下来了，因为它太漂亮了，你舍不得扔掉，对不对？

包装的象征意义也在发生变化。直到最近我们才停止使用外包装来装饰成堆的产品。直到大约 10 年前，像牙膏、香体剂和洗发水这样的产品都是包装在纸盒子里的。纸盒子不仅增加了容量，而且也提供了 6 个面的空间，可以印上图案、文字、注意事项以及其他信息。现在，产品自身的包装必须能够呈现产品的全部信息。因此，许多产品，比如香体剂和洗发水，从圆形包装变成了扁平包装，目的就是为市场营销提供更多空间。图案设计也变得越来越清晰，越来越有特色。男士香体剂 AXE（也被称作 LYNX）就是一个很好的例子：以前的包装上面有个小而雅致的抽象符号，但现在，取而代之的扁平设计看起来更像是什么东西要在你手里爆炸了一样。这些新包装可能更小，构成元素更少，但比以前更具视觉冲击力。

　　另外一个利用产品自身包装的例子是装在小陶罐中（上面蒙着一层格子布）的果冻和蜂蜜——这样的包装可以带给你一种温暖舒适、手工制作的感觉，仿佛这些果冻和蜂蜜都是由一个我们大多数人都不曾见过的神秘的老奶奶制作出来的。这些陶罐通常也比其他罐子小一些，暗示它们非常宝贵，并且跟你想的一样，价格也相对高一点儿。

　　你也许认为自己不会注意到产品外包装上图案的一些微小变化，或许只有当商标尺寸变大、增加某种新颜色时你才会注意到。事实上你错了，这些变化可能会深刻地影响你对产品的反应。大量证据表明，消费者即使对产品包装最细微的变化也会产生反应，有时候他们的反应甚至会让产品设计师感到惊讶。下面这个例子与设计师伊尔瓦·孔斯有关。20世纪60年代中期，美国一位意大利面企业大亨联系他，请他彻底改变一下公司原来的包装。他们以前使用的包装是以公司在19世纪第一次销售意大利面时的设计方案为基础的：意大利面包在蓝白相间的纸袋里，上面用红色字母印着公司的名字。这使产品给人的感觉很好而且颇具美国特色。从那之后包装一直没变。现在，在使用了该包装70年之后，产品销量开始下降。孔斯的任务就是彻底重新设计产品包装，但有几个条件：这位企业大亨要求保留包装上的蓝色部分，中间是白色条纹。当然，公司名字仍保留在包装中央，字体也依然采用和以前一样的传统风格。(如果你是一名设计师,你可能会相当熟悉这句话:"我们希望你做出完全不同的设计,但你不能改变任何地方。")

孔斯的做法是扩大原来包装上的透明窗口——也就是你可以透过塑料包装看到里面意大利面的方形区域,并将其移动了一英寸[①]左右,从而使窗口的边框变成白色,而不是蓝白相间。孔斯的想法是,意大利面是一种非常精美的产品,人们应当能透过包装看到它,而白色边框更能凸显意大利面的金色光泽。这就是他所做的全部设计。

这位意大利面大亨担心这个设计变化太大。但实际上,普通顾客几乎注意不到这一变化,除非他们把新老包装放到一起对比。然而,这种意大利面在新包装推出的当年销量就上升了8%,第二年上升了10%,更换了同样包装的其他产品销量上升了28%。但公司当时并未在营销或配方等方面做出任何可以引起销量变化的改变。孔斯本人也十分惊讶。看来包装上的那个方格(它现在只是变大了一点点)是销量激增的唯一原因。这只不过是一个没人会特别在意的透明小方格而已!难以置信吧!

在为《头脑风暴》这个节目筹划实验的时候,我亲身体验到了细微变化的重要性。我为一些产品设计了不同的包装。我的想

[①] 1英寸=2.54厘米。——编者注

法是，通过使用大家刚刚了解的不同颜色和形状的包装向顾客传递引发无意识行为的信息。也就是说，不需要在包装上印刷相关信息就能让人们觉得某种产品"感觉"比其他产品更环保或者更甜。理想情况下，实验对象意识不到他们是如何得出这一结论的。我想让他们觉得某一种类内（我们一共有 5 个种类的商品）所有不同商品的包装都是差不多的。

实验对象被要求在看到商品时，根据第一印象做出反应，使用给定的几个关键词来描述每一种商品的特点，比如"环保的""甜的""奢侈的""便宜的""有效的"。我对他们会选择哪些包装的猜测相当准确。总体说来，除了"有效的自动洗碗粉"那类商品之外，实验非常成功。

"有效的自动洗碗粉"这类商品的实验结果差别很大。我为洗碗粉设计了 3 种包装：我希望实验对象觉得产品有效的那一种包装在底部使用了明亮的红色，配以黄色的星状爆炸图案，商标则用锯齿状字体，闪着蓝色的金属光泽；另一种包装则使用了白色和绿色（用以表明该产品非常环保，但不一定有效）；还有一种包装使用了深蓝色和黄色（这样的色彩搭配非常醒目，但如果没有红色的衬托，黄色有时会给人太过柔弱的印象）。但在这一实验中，实验对象对这 3 种不同包装做出的选择很平均。

究竟是什么原因呢？我唯一能想到的是：当印刷厂送来包装时，包装上的颜色极不均匀，黄色的墨粉大大超过了它应有的比例，而我的红色却变成了橙色，因此以橙色为背景的黄色无法给人留下深刻的印象，即便你在上面覆以闪着金属光泽的字母。

由于没有一种自动洗碗粉的包装清晰地传递了关于其有效性的信息，所以我的实验对象就在这3种包装中随机进行选择。显然，在红色里多加百分之几的黄色就足以把原本百分之百的实验结果从确定的选择变成彻底的不知所措。正如人们所说的那样：细节决定一切。

如果事情真的如此简单，那么你看到的每一种商品都应当被包装成圆形，并在上面印着蓝色的标签和黄色的星星。幸运的是，实际情况要复杂一些。有很多方法可以表现愉悦、满意或激励，这些是任何一种包装都应包含的重要心理因素。每种商品都通过颜色及有确切含义的表达使顾客产生某种预期。这是一件复杂的事情，除了红色和三角形之外，其中肯定还包含了许多其他因素，尽管我们是从这两种因素开始讨论的。问问瑞典诺尔雪平市参与品尝特罗卡泰罗饮料的实验者你就会明白。

购物

包装永远不是孤立出现的，而是必须摆放在某个地方，并加以装饰才能吸引顾客。在这部分内容里，我们将研究商场采用的一些心理暗示和手段，看一下它们是如何让你购买比原计划更多的商品的。

为了简要说明你即将接触的这些技巧，我们假设你正经过某个商场。商场要做的第一步就是吸引你进入商场，为此，其一定不能位于银行旁边，因为我们总觉得银行很无趣，而且银行周围容易有犯罪分子出没，所以经过银行时我们都会加快脚步。简而言之，在银行旁边开店是个非常糟糕的主意，因为人们会快速经过。但是，如果我希望你驻足观看，那在门口安装镜子或其他能反射人影的东西就是个不错的主意。我们在经过镜子的时候几乎都会放慢脚步看上一眼——即使没有完全停下来。虽然我们都是心智成熟的成年人，但我们仍然像孩子或者灵长类动物那样，对自己在镜子中的形象感兴趣。

现在，让我们假设这家商店的地理位置很好，能够吸引你走进店里。你注意到的第一件事就是店里没有多少东西可买——如果有，可能也是卖得不太好的东西。之所以如此，是因为走进来的头几步你还没完全进入这家商店，还在调整自己适应新的环境，你的眼睛需要适应店里的光线。你看到过有人一走进店门就停下脚步的吗？假设他们没有走错店的话。我认为是没有这种情况的。在你走进店门真正适应店里环境之前，需要几秒钟的时间调整。在这刚开始的几秒钟时间里，你不会看上店里的任何东西，更别说去买了。

然而，在店里确定了自己所在的位置之后，你会做什么呢？你开始逛店，但不是漫无方向地瞎逛，而是向右走。出于某种原因，一般来说人们似乎都会往右边走，不仅逛店时如此，我们即使站立不动的时候，也经常会关注右手边的东西。因此，如果商店想把某种商品放在你触手可及的地方，那一定会放在你所站位置的右边。这对商品在货架上的摆放位置产生了巨大影响。最受欢迎的品牌会被放在店铺正前方的货架中央，而希望引起你注意的新品牌则直接放在其右侧。

商品摆放高度也很重要。摆放高度与视线持平的商品卖得最好，这是理所当然的。摆放高度与腰部持平的商品卖得就没那么好，而货架底部的商品销量只有放在与视线持平高度的商品销量的一半。细想一下，这不足为奇。因为，一方面，看与视线高度不一致的商品不方便；另一方面，没有人愿意在拥挤的超市里弯腰拿东西，因为弯腰时有可能被别人撞到。这种不舒服的感觉使商品摆放高度成为影响我们买（或者不买）东西的重要因素，购物专家帕科·安德希尔把这个因素称作"臀部摩擦因素"。我们也不喜欢在货架中间挤来挤去，所以卖得最好的商品都是放在货架尾端的商品。货架中间是最难卖出商品的位置，因为那里离货架两端的距离相等。摆在那里还能卖得很好的商品只有生活必需品，比如糖、麦片、面粉和尿布。

细想一下就会发现，我们走路时眼睛的确是朝前看的，但商店中的货架却摆放在我们两侧。从销售的观点来看，这种位置摆放并不理想。我们看到很多商店都有解决这个问题的办法，无论是音像店还是超市：斜靠着货架两端的专用货架上摆放的商品都是热销的新CD（激光唱片）、苏打水或者烧烤专用的木炭（这也是在提醒你去买鲜肉货架上摆着的上等肉品……）。

但是现在，让我们再回到你刚进商店的那一刻。下一步是让你拿起商品并触摸它们。人们都喜欢触摸事物，你也不例外。我们居住的世界中能触摸的事物寥寥无几，因此在购物时，我们就有了难得的机会，可以真实地触摸具体、有形的商品。（当然，除非你像我一样完全在网上购物。但很多人认为网上购物永远也不会取代实体店购物，他们给出的最有说服力的理由是：我们触摸商品时获得的生理上的满足是点击电脑屏幕上的商品图片所得不到的。）我们几乎所有计划外的购物都是在商店里摸、听、闻或者品尝商品的结果。

如果是服装类商品，只要我能让你上身试穿，那就几乎可以拿下这笔买卖了——尤其当你是男人的时候。帕科·安德希尔发现，把牛仔裤带进试衣间的男性，65%最终都会买下它们，但女性这样做的比例只有25%。而且对男人来说，价格也不是很重要。忽略商品价格的做法差不多就是男人本色和男子气概的表现。这也意味着，和女人相比，男人更容易购买价格略高的同类商品。

为了确保我们觉得自己买到了便宜的商品，美国女士内衣品牌"维多利亚的秘密"（Victoria's Secret）连锁店的做法值得效仿。它们一贯的策略就是把一大堆内衣倒在桌子上，以"4件20英镑"的价格出售——这听起来似乎比单买的实际价格（每件5英镑）更划算。按照2件10英镑而不是1件5英镑的方式卖，更能让我们感觉自己买得很划算，尽管实际价格都是一样的。

当然，购物心理学比我在这里讨论的范围要广泛得多，但是我希望你从现在开始能够意识到这一点：你在商店里购物时所看到的所有商品几乎都不是见缝插针、随意摆放的。在食品杂货店里，通常你最先看到的是水果和蔬菜，这是为了让你一进店就感受到商品的新鲜和丰富多彩。不过，我家附近的一家杂货店曾经把尿布放在商店入口处。可以想象，这会给人们带来一种完全不同的印象。

牛奶几乎是人人都会购买的东西，因此它总是摆在离入口处最远的地方，以确保你在去往奶制品销售区的途中会经过尽可能多的货架。把糖果放在收银台附近自然是考验你意志品质的一个好办法，但更重要的是，这会让排队时等得不耐烦的孩子有机会缠着他们的父母买糖果。或者，更好的情况是，有的孩子干脆把一袋糖果直接扔进父母的购物篮里，我就经常看到这种情况。从主要目标顾客群体的身高来看，糖果是少数几种放在货架中部或底部才有优势的商品之一。

你在收银台附近看到的许多商品通常是商店里很难卖出去的

东西。你打算购买的是低乳糖牛奶,但在已经完成购物,排队等候结账时,很有可能一时兴起购买这些商品。比方说,排队等了一两分钟之后,你可能会觉得那本平装书看起来真有趣……而且,等一下,你看,那一小袋切好的水果难道不值得购买吗?

如果商店设计的购物路线是逆时针的,我们通常会买得更多。原因很简单:我们大部分人都更习惯用右手。因此,逆时针的购物路线使我们更容易把东西放到购物篮里。

商店中胡乱堆成一堆出售的商品并不总是你想的那个样子,这被称作"密集摆放",是一种非常巧妙的做法,会让你觉得这样销售的商品要便宜得多。同样的道理,我们会觉得写在大标牌上的商品价格更低一些,尤其是用明亮柔和的荧光灯照在价格标牌上的时候。大致说来,我们会认为任何看起来有点儿廉价的东西的价格都较为合理,无论其实际价格是多少。瑞典的一项新研究表明,商店里使用平板显示器显示商品和价格,会使商品销量提高几个百分点。据我所知,没有人知道为什么,但其中的原因也许非常简单:我们的注意力很容易被闪亮的东西吸引——就如同扑向焰火的飞蛾。这一特性在过去很重要,提高了人类的生存率,但现在却能让我们以1美元1磅[①]的价格购买橘子。

---

① 1磅≈0.45千克。——编者注

买，买，买：为什么我们会购买不需要的东西

> 我们需要学习怎样能让人们购买更多他们不需要的东西。
> ——营销专家帕梅拉·N. 丹齐格

当我试图影响你的时候，我要做的通常不仅是用颜色和形状使你产生某些联想。如果我想让你投票支持我所在的政党，我需的当然不仅是颜色，尽管颜色非常重要。（如果某个政党的党徽以深蓝色为主，你能想象这个政党会有多高的可信度吗？）在制作广告时，你会综合运用各种具有不同影响力的方法，就像颜色和形状那样直接。你在电影、广告、广播，甚至YouTube（优兔视频网）视频中都会碰到这些方法，总有人试图劝你购买某些东西。引发冲动购物的心理因素非常多，并且十分敏感。我们在给自己购买快乐这方面真的很容易上当。但是我们为什么会这么做呢？如何在广告中利用这一点呢？实际上，很多基本物品，比如食物、衣服都是生活必需品。但其他东西呢？似乎我们购物很少是为了购买商品本身，而是另有原因。

购物常常被看作是女人的专利，但事实并非如此。如果我们把购物定义为购买奢侈品——而非生活必需品，那我只需要提到朗格（The Range，主营家装产品的英国电商）、家居网（Homebase，主营建材、户外、园艺用品的英国大型仓储式购物公司）或者柯

里氏（Currys，主营电子电器的英国连锁品牌），就可以让读到此处的男士们感到有些汗颜了。对不起，先生们，同再买一双红鞋子一样，购买电钻也是在购物，只不过没那么花哨罢了。

我们究竟为什么会买下自己不需要的东西呢？不能一味地归咎于广告，因为从某种程度上说，即使没有广告我们也在购买那些东西。近年来，很多营销专家给出的答案是：我们并不是在买自己不需要的东西，事实上，我们是在买确实需要的东西。我们需要它们，只不过那种需要是我们自己都不相信的——我们是在通过购物来满足某种真实清晰但并不总是理性的渴望。这一需要随着我们的情绪和感觉变化。在我们所生活的消费型社会中，"满足消费者需求"并不一定意味着满足实际的、物质的需求——比如保证消费者购买的裤子合身。更多时候是指满足消费者的情感需求。

这并没有什么高深莫测的，消费者已经或多或少地意识到了这一点。但有一点我们要清楚：试图卖东西给我们的人也已经意识到了这一点，而且在竭尽所能地迎合我们的情感需要，即使他们卖的是电钻。

因此，我们大部分的冲动购物都是情感消费，这正是精明的商家能够赚大钱的原因所在。作为营销人员，我要做的第一件事就是让你觉得可以购买某样东西。但你需要一个借口，需要得到某种心理上的肯定，你需要某种动机来促使你打开钱包。营销专家兼心理学家帕梅拉·N.丹齐格和她的奢侈品牌市场研究公司——联合营销公司已经发现了以下14种促使我们购物的动机或借口。

- 快乐
- 教育
- 情感满足
- 娱乐
- 放松
- 美化（美化自己或家居）
- 取代或者更新已经拥有的某件东西
- 计划内购物
- 缓解压力
- 爱好
- 给自己的礼物
- 地位象征

这14种动机或借口可以概括成一句话：改善我们的生活品质。我们过一会儿再仔细讨论一下这是什么意思。

在争夺你钱包的这场"斗争"中，营销者必须懂得让你达到某种情感状态的方法。通过向你提供以上 14 种借口，我可以达到目的，最终让你做出购买决定。精明的营销人员必须准备好应付消费者可能想到的诸多拒绝购买的合理理由。丹齐格将这 14 种动机视为有效的手段，可以用来应对顾客不买东西的各种理由和固执的态度，从而使他们变得百依百顺。她在《人们为什么要买不需要的东西》一书中直言不讳地写道："当营销者真正理解了他们的产品是如何与消费者的内心和情感产生共鸣时，他们就可以预先策划，巧妙地利用营销技巧采取对自己有利的方法，促使消费者购买。"

换句话说，通过专注于满足你感性的需求（"你的确应当让自己变得美丽，在自己身上花些时间，放松一下！"这个例子中就包括 3 个丹齐格提出的借口！），就可以避开你理性的思考。你不再担心有没有钱支付房租这一问题，因为你已经"允许"自己购买。我是不是说过这是一场争夺你钱包的"斗争"？现在我收回斗争这个词，因为正确的词应该是"战争"。

那这是如何做到的呢？是什么样的心理技巧让你在无意识中把丹齐格提出的那些动机用到了自己身上？"情感品牌"和"情感营销"是当今营销领域中的热门词汇。由于你的大部分购买决定都是基于情感做出的，所以你很容易接受周围传递给你的情感信息标签。在设计这些标签的时候，我努力确保它们传递出来的情感信息与你当时的情感需要相符。如果你需要感受到安全或成功，那我必须满足这些需求。但这些信息很少是明确提出的。你已经看到了含蓄的暗示多么有效，这就是为什么它们都隐含在产品的设计、包装、广告和商标中，因为我知道这些东西能影响你的情感。正如大家已经知道的那样，不同的颜色、形状和词汇都可以传递强烈的情感信息，因此包装或者产品使用的颜色很少只是为了让其看起来漂亮而已。通常情况下，商品的包装设计都有一个清晰的目标：在心理上给你一个购物的借口。

商品的本质和拥有商品的力量：买如其人，或者至少这是你的愿望

让我们回到上一部分讨论过的14个动机，促使你购买某一商品的终极手段就是让你觉得该产品可以提升你的生活质量。什么是"生活质量"呢？生活质量是我们希望在生活中获得的一些东西，包括安全感、幸福感，以及得到周围人尊重的感受。（有人可能会说，我们从周围人那里得到的认可或尊重实际上就是一种安全感，因为它帮助我们找到自己在这个世界中的位置。）一旦实现了这些目标，我们就会觉得自己获得了良好的生活质量，或者至少是可以接受的生活质量。

但是，由于我们都已经适应了现代社会这种复杂的生活方式，所以我们不再像以往那样需要公开争取这些东西。除了给自行车

买一把新锁或者给房子安装报警器之外，我们很少会主动采取措施来获得安全感。尽管如此，我们却一直在无意中努力争取生活得快乐些。在一天结束时能有一种模糊的满足感，或者即使达不到这一点，至少也要达到某种我们称之为安全、幸福乃至快乐的情感平衡。在一天当中，我们会做很多不同事情，帮助自己建立一种满足感。在美美地睡上一觉之后（希望如此），我们会喝一杯（希望如此）美味的咖啡，和往常一样吃自己独特的早餐。无论你习惯早晨喝一杯现磨的玛奇朵咖啡，还是在厨房排风扇下抽根香烟都无关紧要。然而一旦你的生活惯例被打乱——比如家里只剩下劣质的速溶咖啡了，那么你这一天的快乐就会减少一点儿。如此一来，你可能会在晚上睡觉时感觉不像往常那么快乐，或者不得不在白天采取其他行动来提升当天的生活质量，以弥补早上没喝到现磨咖啡的失望。当然，获得安全感、受尊重感或者其他任何一种你在无意识中寻找的感觉的捷径就是找到象征那种感觉的东西，并将其买下来。

　　拥有某些物品是体现我们身份的一种方式。之所以如此，部分原因在于拥有某种物品代表我们属于（或者希望属于）某种群体，部分原因在于物品具有象征意义。早在时尚生活广告出现以前，动机心理学家欧内斯特·迪希特就发现，无生命的物品会在较深层次上影响人们相互之间的关系。一些商品可以影响人们对商品拥有者的反应和行为，而且这种影响的产生方式非常具体，可以提前预测。因此，我们拥有的物品不仅占据了车库或衣橱的空间，而且还具有心理维度的因素。迪希特把这称为物品的"灵魂"。"灵魂"的含义及其影响取决于我们以及我们当时所处的环境，但是这种"灵魂"的确在日常生活中扮演着重要的角色。

从某种意义上说，你拥有的财产是个人力量和能力的延伸，可以让你觉得更强大，而且可以在某种程度上弥补你在充满威胁的世界中的不满足（坦率地说就是这样）。因此，毫不奇怪，很多研究都揭示了一个尽人皆知的事实：购物是一种非常有效的治疗方法。拥有的物品就像镜子一样，可以让你看清楚自己，并发现自己的更多面。一个从来没拥有过快艇的人在买了快艇之后就会发现自己新的一面。他会同其他快艇的主人建立联系，整天和他们谈论柚木、甲板和绳索之类的东西。当他发现驾驶快艇高速航行的乐趣时，他就会发现另外一面的自己。当他驾驶崭新的快艇征服大海时，人类想征服自然的原始欲望也起了作用。

冲动购物可以分为三个不同种类，每一类都能以不同方式提升我们的生活品质——取决于我们购买的是哪一类商品。

第一类是当我们觉得自己"应当拥有这个东西"时购买的"善待自己"商品。这是一种不易察觉的乐趣，你可以毫不内疚地买下这类东西，因为它们相对比较便宜，比如蜡烛、浴盐、化妆品、动漫手办（现在我正扬扬得意地盯着从贝尔兹公司购买的崭新手办——行星吞噬者)、DVD 和 CD，以及你喜爱的书籍或其他东西。这类东西能带给我们一种情感满足。

接下来是可以称之为"奢侈品"的东西。这类东西既有实用价值，也有令人印象深刻的声望、形象和超级品质，例如梅赛德斯奔驰轿车、宝马轿车、香奈儿的服装、进口家具、劳力士手表，或者没人能说出用途的镀铬厨房用具。

不具有任何实用价值，但能够让你有机会告诉世人你属于哪类群体的商品自成一类。通过购买这类商品，你可以展示自己，展示你的价值、兴趣和品味。这主要与情感满足有关，并不涉及任何实用价值。此刻我想到的这类商品包括原创艺术品、古董、大型游艇，或者难以得到的稀世珍品。

最后一类商品是日用品。这些商品很实用，我们不需要对此做任何解释，但它们的确能使生活变得更加便利、舒适。它们可以使家务劳动变得更加快捷、高效，缺失某些日用品会使生活变得不方便，比如现在每家每户都有的微波炉、沙拉搅拌器等。

当购买日用品，比如购买电钻时，我们也是在通过购买摆脱某种依赖关系。比如说，买了电钻我们就不再依赖别人为我们钻孔。这就是自己动手做（DIY）的含义。似乎像变魔术一样，我们突然变得更能干，甚至可能更完美。我们的配偶、孩子和邻居都开始崇拜我们。突然之间，我们成了孩子们争相模仿的榜样，而隔壁的弗雷德更是跑到最近的朗格超市购买了同样的电钻。此时，我们心中会产生满足感、自信感和成就感。换句话说，我们成了生活的赢家，至少在弗雷德从超市买回更高级的电钻之前是这样。

电钻广告中也许会充满对它的许多功能和优点的吹嘘，但实际上促使你买下它的不是那些功能或者花哨的按钮，而是它为拥有者提供的改变生活的潜力。为了突出这一点，该产品的广告片中通常会出现一个人们都梦想成为的那种可靠、完美的人，比如手持电锯或真空吸尘器的那种非常有男子气概的人，有点儿类似把汤姆·赛立克和可靠的父亲形象糅合在一起的人物（一项研究表明，我们在修理家中物品时更希望得到自己父亲的帮助，至少在瑞典是这样的），或者像蒂姆·艾伦那样的人物。

我们把拥有某些东西视为表现自己存在的一种方式，因为它们证明了我们的确存在。如果任何人对此有疑问，你只要给他看一下你搜集的 DVD 就可以了。这也是为什么我们不愿放弃自己的东西的原因。当你看到一个小孩子是如何紧紧握住《生化战士》系列玩具或者贝兹娃娃时，当他们抱着自己最喜欢的玩具入睡或者走到哪里都带着它们的时候，你就应该明白拥有某件东西具有多么令人不可思议的力量。我有，故我在。

冷冻食品区中的心理分析：弗洛伊德式购物

　　动机心理学家欧内斯特·迪希特采访了很多人，最后得出的结论是：我们拥有的每一样东西都具有象征意义，对我们来说十分重要，尽管这些只是无意识层面上的意义。不同的物品具有不同的意义。现在，大家必须记住的是，他的很多解释都是弗洛伊德式的，而我本人却不是西格蒙德·弗洛伊德的粉丝。不过，弗洛伊德确实有几个有趣且值得思考的观点。我们以迪希特对物品的分析为例：衣柜不仅可以用来放东西，也可以用来藏东西，你可以把暂时不打算用的东西放在里面。从这一层意义上来说，衣柜和你的过去有联系，但也与你打算以后再使用的东西有联系。由此，衣柜与你自身存在的连续性相关。不断渴望拥有更多的衣柜空间——无论是现在还是对此做了很多研究的20世纪60年代。似乎每个人都觉得衣柜空间永远不够用——具有更深层次的心理意义。衣柜成了家庭的时间仓库，存放着过去、现在和未来。当然，里面还有太多双鞋子。

　　我们再来看看下面这个有关打火机的例子，细想之下这个例子更能说明问题。打火机有哪些特点呢？印着冲浪者形象的塑料外壳并没有太大意义，但是打火机的真正用途是什么呢？它使我们可以掌控和驯服大自然最危险和最不可靠的一种力量——火。我们每次使用打火机时，都在展示自己对火这种物质的掌控。如果你会用火,那就能确保把食物煮熟,使热源长存和保证人畜安全,并且还能释放每一道火焰中蕴含着的巨大破坏力量,即使只是星星之火。按照自己的意愿用火,使你在某种意义上变成了上帝。这一举动代表了至高无上的权力,难怪十几岁的男孩子这么喜欢玩打火机——点燃、熄灭、再点燃、再熄灭。在这个年龄段,清晰的性别意识和性别认识非常重要,而这一行为展示出的是男子气概。或许这就是打火机打不着时男人们会表现得尴尬和沮丧的原因——就像迪希特认为的那样。在关键时刻,当我们正要向所有人展示自己对自然力量的掌控力时,打不着火会让我们大失所望,也会多少显得自己有些无能。正如我说的那样,这是典型的弗洛伊德式的解释,但它可能也解释了为什么芝宝牌(Zippo)打火机只是保证"它绝对能打着火"就能卖得那么好。

一个典型的例子——Souperb

如果关于物品象征意义的弗洛伊德式解释是有道理的,那它也能解释下面这张广告海报背后的含义。

海报上方那段文字的大致意思是:你怎样才能把"口感平平"和"辣味十足"结合起来而且不会尝之无味呢?尝尝量大味足的意大利面、汤或面条,你就知道答案了!这张海报的目的是推广一种新品牌的汤,名叫Souperb。按照迪希特的说法,汤具有神奇的特质，汤中的各种香料和成分混合到一起，能使我们想起传说中的神奇药水。

图 2-5　Souperb 品牌广告海报

直到今天，汤仍然显得有些令人不可思议。生病时，我们常常会喝汤，因为我们觉得"喝汤对身体好"。汤也能和温暖、安全、满足以及母爱联系在一起。生病时，我们往往会在精神上回归孩童——至少男人是这样的。于是，我们就想得到母爱。迪希特的采访表明：汤和与其相似的牛奶是母爱的完美象征，而男人比女人更能接受这一点。根据迪希特的研究，汤显示了女人对作为家庭保护者的男人的爱，因此汤对男人和儿子的象征意义强过对女儿的象征意义。

迪希特是在20世纪60年代初进行这一研究的。当然，近些年来，男人、女人在家庭中扮演的角色以及相关的产品（比如汤）都发生了改变。但让我们暂时假设迪希特的这个解释并非完全不可信，并记住这个解释，重新回过头来看一下那张海报。

汤是神奇的药水？大家请看：海报中的女模特一头直发、袖子蓬松，镜片后面两只眼睛黯淡空洞，看起来有点儿像你在故事书或电影中看到过的典型女巫。而海报中的汤看起来也有点儿超自然的意思，像被施了魔法一样在空中飞舞。如果我们把弗洛伊德的量表提高一个刻度，就会发现一个十分有趣的现象：这位汤水女巫到底在做什么呢？这种神奇闪亮的东西显然正伸进她的嘴里。从这种"汤"的形状来看，即便你不是德国精神分析专家，也会联想到性。20世纪60年代，汤本来代表献给丈夫们的爱，但在色情泛滥的现代社会却演变成了一种性符号。因此，我们现在看到的海报就有些玄幻、诱惑，你是否会说我们这样讲有些粗俗？这有何不可呢？现如今，弗洛伊德的量表需要提升到11级，因为如果海报中的汤不是有意设计成男性性器官的样子，那还能说它的形状像什么呢？等一下，或许有人会说它的形状像一条蛇。尽管如今基督教在我们文化中的影响并非根深蒂固，但夏娃与蛇的形象依然是十分明显的性的象征。和迪希特在大约50年前的研究观点类似，人们心照不宣地认为，这一汤水广告指向的受众就是男人。如此看来，这个广告显然到处都是象征符号，充分利用了迪希特的所有观点：女人对男人的爱、欲望、性，以及某种魔幻的力量。当你看到海报中的"辣"和"快感"之类的字眼时，很难想到他们试图让你做的其实是在店内的冷冻食品区购买某种午餐。

海报设计者是不是有意这样做的无关紧要。正如我的一位老师曾经说过的那样："无论有意还是无意，象征符号就在那里。"而一旦出现象征符号，你就会对它们做出反应。至少迪希特是这样认为的。

为什么人人都爱克鲁尼：成为你想成为的人和别人已经成为的人

> 这些都是我的鞋，都是鞋中精品。它们不会让你像我一样富有，不会让你像我一样弹跳出众，也肯定不会让你像我一样穿上它们就显得英俊潇洒，只会让你拥有跟我一样的鞋，仅此而已。
> ——NBA球星查尔斯·巴克利参加综艺节目《周六夜现场》时模仿的搞怪广告

哪些感受会让我们觉得生活品质得到提高了呢？实际上，丹齐格在其动机因素清单中罗列出的所有方面都可以包括进来：当我们感觉快乐、有所收获、身心愉快、放松时，当我们或者我们周围的环境变得更美好时，当我们得到质量上乘的新物品时，当我们送给自己礼物时，当我们的社会地位得到提高时，我们都会觉得生活品质提高了。但在我看来，生活品质这一概念中还包含着更深的层次，也肯定是社会归属方面的问题。

一位女士在解释自己冲动购物的原因时说，购物能让她感觉更像自己。我认为这听起来好像隐藏着某种环形思维。我不认为购物能让我们感觉像我们目前的自己，相反，我认为购物能让我们感觉像我们希望成为的人。我们如何发现自己想成为什么样的人呢？当然，我们都想成为我们仰慕的人，因此从理论上说，我们可以坐下来列出一些积极向上的性格特征，研究一下我们愿意效仿的那些值得钦佩的历史名人：甘地、达芬奇、比利·乔等。或者，更为可能的是，我们每天看到的那些名人照片也会激励我们，因为与我们相比，他们更具魅力、更聪明，并且从表面上看也似乎更快乐。有趣的是，这些人都碰巧具有某些共同点：他们都喝可口可乐，穿同样牌子的牛仔裤，或者（尽管这有点儿不大可能）他们都有同样的房贷。这被称为"时尚营销"：人们营销的是一种概念，而不是一种产品，营销的是一种人生态度、一种生活方式、一种身份。

我并不认为哪怕是无意中喝同样牌子的汽水或者穿同样牌子的裤子就能让我们跟广告中那些名人一样。但这样做可以告诉人们，我们同那些喝水果国度饮料（Fruitopia）或者穿李维斯牛仔裤（Levi's）的人属于同一个群体。正是通过使自己看起来跟那些魅力四射、快乐幸福的人属于同一个群体，才让我们有意识或无意识地希望自己也能受到感染，变得更有魅力、更幸福。至少在别人眼里是这样的，因为如果我们能让别人相信这一点，我们自己最终也会相信。如果你能让我相信你属于他们中的一员，那我就会把你当作他们中的一员来看待，而在你自己以及其他人的眼里，你也会是他们中的一员。这是非常通俗易懂的心理学现象：假到一定程度也就成了真。

图 2-6 芬达网站上的广告显示：一群年轻、时尚的女孩都是芬达发烧友

几年前，美国心理学教授安东尼·普拉特坎尼斯和艾略特·阿伦森做了一个实验，设法证明了美丽的女人可以仅凭美貌就对听众的观点产生深刻影响，即使讨论的主题与美貌毫无关系。实验还表明，当美丽的女人公开表示有意影响听众时，她产生的影响最大！我们似乎都认为有魅力的人能提出有说服力的观点。如果我们的观点是基于对世界的正确判断和认知，那自然再好不过。但遗憾的是，事实往往并非如此。美女能在瞬间就让我们改变主意，买下商品。

我们的观点和概念也可以帮助我们弄清楚自己的身份。在使用合适的剃须刀（比如吉列风速4）刮胡子、吃合适的早餐（比如家乐氏的甜麦片）时，我们其实是在说："我就像广告里的那个偶像一样，也是魅力四射、光鲜亮丽的。"如果我们买的东西合适，我们就会自我膨胀，忽略自己的缺点，变身为我们喜欢的名人。就我个人来说，我刚刚买了一箱芬达饮料、几条紧身热裤和一套精选的迈阿密贝丝音乐CD。"干杯芬达！"等我安置好这些战利品再接着往下写！

我们和他们

为什么我们愿意与人生得意但对我们没什么实际意义的人为伍呢？这完全是由两个基本心理特性引起的：一个是认知特性，

另一个是行为特性。首先,"我属于这个群体"这一简单的认知帮助我们把世界划分出了可以理解的部分,这就形成了一定的影响力。如果我可以使你觉得自己像这个,你属于这个群体(比如,穿着热裤喝芬达的群体)而不是那个群体,那就意味着你突然间不再属于某个群体。例如,你不再是跳民间舞喝茶的人,因为我让你给自己贴上了一个看似随意但十分具体的标签(芬达发烧友)。但是在你给自己贴上那样的标签之前,这两种观点对你来说都是开放的,甚至还会有更多其他观点。不同群体之间的差别被夸大了,而群体内部成员之间的相同点也被"我们这样的人就这样做"的观念放大了。这一行为有两个严重后果:

第一,它使我们认识到群体成员之间的细微差别,但同时对群体之外的人的认识更为抽象。我们会给他们贴上简单的、贬损性的标签,比如黑人、讲西班牙语的人、同性恋者、乡巴佬、白人精英、青少年、顽童等等——而不是把他们看作具体的某个人。粗鲁地对待抽象标签比对待具体的某个人容易多了。这种抽象的认识使我们觉得其他人的人性特点不足,因而会削弱我们的判断,使我们更有可能粗暴或错误地对待他们。这个结论也许看起来过于极端,但却是所有战争中的重要战略要素:每个挑起战争的民族都善于给其他民族贴标签,比如"异端另类",从而让其人民相信这样的民族都是"劣等人"。希特勒的纳粹宣传就把犹太人比作老鼠。显然,和杀死隔壁的好人戈德曼先生相比,杀死一只老鼠能让你的良心少受谴责。

　　第二，社会群体是自尊感和自豪感的来源。为了继续享受群体带来的自尊感，群体成员也会捍卫群体荣耀，欣然接受群体的象征符号、典礼仪式和信仰制度（所有群体都有一些他们认为是"真的"的东西，包括芬达宝贝们）。即便这些仪式和信仰被证明是相当愚蠢的，群体成员仍然会拼死捍卫它，只要这个群体具有足够的排外性，或者要加入这个群体非常困难。关于这一方面的原因，我们将在有关认知失调的那一章中进行详细介绍。

　　由于群体成员之间的相似性被放大（比如《星球大战》粉丝团或门萨俱乐部成员），因此我们还会发现自己更容易被群体内成员吸引，即使群体内的成员中偶尔有臭名昭著的冷酷分子。我们更倾向于与群体内成员合作，而不是与其他人合作，即使群体外的那些人非常出色。20世纪80年代末，心理学家约翰·芬奇和罗伯特·恰迪尼让他们的一些学生相信自己的生日和拉斯普廷的生日是同一天。拉斯普廷就是20世纪初惑乱沙皇俄国朝野的那个疯僧。这些学生先是被要求阅读一篇关于拉斯普廷的文章，在这篇文章中，他被刻画成了一个声名狼藉的恶棍。然后，他们要求学生们说出对拉斯普廷的感觉。那些相信自己和拉斯普廷同一天生日的学生基本上都给了拉斯普廷较高的评价，认为他比那些与他们生日不同的人更优秀、更能干、更善良、更强大。与其他人相比，我们就是更喜欢和我们属于同一个排外性群体的人，即便该群体成员的关系是建立在随机琐事的基础之上,比如生日相同。

社会群体可以建立在共同的情感或共同的难忘经历基础之上。只要分享共同的有趣经历(比如一起坐过山车)或者共同的可怕经历(比如一起坐过山车),或者共同的难过经历(比如没能坐上过山车),就可以引发这种归属感。而当你所属的群体打败了其他群体时,这种归属感最为强烈。因此,与比赛失利那天相比,你会在比赛胜利那天看到更多人穿着他们的球队队服。难怪营销者们会花费巨资聘请公认的"胜利者"为他们的商品代言,比如请迈克尔·乔丹为篮球运动鞋代言,请辛迪·克劳馥为化妆品代言。营销者们还会努力打造亚文化或流行文化。这些文化以一些服装品牌(比如暇步士)、流行影片(比如《指环王》)或者电视节目(比如《游戏王》)为基础,借机把一大堆荒唐可笑的垃圾推销给这些群体。

由于我们每天都要接触大量信息,因此我们会尽量限制信息的数量,这并不令人惊讶。我们会通过分类和贴标签的办法让事情变得更加可控。

人们都想归属于某个群体,都希望因为属于某个群体而感到自豪,这十分符合人的天性,因为类似的感觉通常会带来很多积极正面的效果。但有时群体可能会被操纵利用，为他们不想要或不需要的东西买单，比如投票支持一个其实不合格的候选人，或仇恨一个无辜的人。有没有什么办法可以让你避免受到这种操纵呢？我前面提到过的普特拉肯尼斯和阿伦森给出了5个小技巧，告诉我们如何避免受到群体身份认同的影响。

1. 小心那些制造小圈子以及将你划分为某一具体类型的人。人们有多种方法可以给你下定义和贴标签。

2. 眼睛始终盯着自己的目标。尽量以实现某个目标来树立自己的个人形象，无论这个目标是购买物美价廉的商品还是开创积极的社会变革，不要为了树立自己的形象而制造形象。

3. 不要把所有的鸡蛋都放进同一个篮子。也就是说，不要把自己的全部形象都建立在你所属的某一个群体之中，那是通往法西斯主义的不归路。如果你只是日本系列游戏《最终幻想》的粉丝，或者只是一个信奉正统派基督教的教徒，或者这就是你的全部身份，那么当你所属的群体开始受到批评，或者出现了可以与《最终幻想10》男主角帝达相媲美的人物——当形势变得紧张起来时，你又该如何是好呢？

4. 尽量找出你与群体以外的人的共同目标和价值观，这样一来，你的群体边界就显得不那么明显了。

5. 尽量把群体以外的人视为具体的某个人，而不是抽象的概念，尽量把他们看作是与你有着更多共同点的人。

你我都是盲从者

盲从并不完全与我们想归属的某个群体和在社会环境中获得的安全感有关。它在某种程度上与模仿有关，我们都在模仿别人的言行。小时候，我们就是通过模仿他人的言行来了解世界的。所谓成长，其实就是观察他人的言行，然后尝试同样的言行，看看能否得到同样的结果。成年之后我们仍然在这么做，甚至在没有得到和我们所模仿的人一样的结果时，我们还会生气："为什么我玩《生化危机》游戏时，每次碰到僵尸都会失败呢？我做的和你完全一样啊！"或者"为什么我模仿柯南·奥布莱恩却没能逗得大家开怀大笑呢？我做的可是和他完全一样啊！"。

模仿是一种深深烙印在人类天性中的行为，几乎是我们的一种本能。我的一个朋友告诉我，每当她丈夫想让女儿张嘴时，他就会先张开自己的嘴。他的这种做法非常好，因为他自己张嘴，女儿就会模仿他的行为，这样就可以把猪排等食物喂到她嘴里，她也就不会饿死了。也许这一点儿也不奇怪，就像动机学家卡维特·罗伯特在解释社会归属感如何发挥作用时说的那样："既然95%的人都是模仿者，只有5%的人是创新者，那么其他人的行为比我们（这里是指市场营销人员）的行为更让人信服。"

为了搞清楚他人行为的感染性，我和一小群人站在一处人来人往的街角，一起盯着马路对面的一幢建筑物。我们这样做是想看看多久以后会有更多人停下来像我们一样盯着对面的建筑物看，尽管那里没什么可看的。我原以为大部分路人会在经过的时候抬头望一眼，其中一两个人可能会停下脚步观看。但是我错了，完全错了！只过了几秒钟，就有5个人停下来查看我们究竟在看什么，接着变成了10个人，然后人越来越多。他们中有的人还互相打听："大家都在看什么？""不知道。"更有一些人甚至走到我们面前，问我们在看什么。即便是"我也想弄清楚大家都在看什么"这样的回答也没能阻止他们停下观看。一位女士甚至给丈夫打电话说："很多人站在广场这儿看，但我根本不知道他们在看什么！而且似乎没有一个人知道！"你猜她会继续留在那里吗？肯定会的。看见某人在做什么，我们也跟着去做，因为这样才安全。在人类进化的过程中，这一直是一个优点，随时可能派得上用场，部分原因在于它能帮助我们免于被群体排斥，部分原因在于很多人都吃的食物比没人吃的食物更安全。

因此，只要让大家看到某一群体行动一致，例如广告中所呈现的那样，那就可以达到一石二鸟的目的。我实际上是在告诉你："看看这些美丽光鲜的人们！你难道不想加入他们，变得跟他们一样吗？为此你要做的不过是买下这件商品，并且现在你可以用一件商品的价格买到两件商品！"

同时，我也激活了你的模仿本能，只要让你看到很多人都在做这件事，那么你也会有加入的冲动，就像你一贯做的那样。"你说你要买多少？欢迎，照我说的去做。现在你和我们的感觉是一样的了。"

PART

3

心随我愿

聪明的操纵者可以在你毫不知情的情况下激发你的全部行为模式。如果我按动合适的思维按钮，你很可能会像被设定了某种程序的机器人那样行动。从某种意义上说，你其实就是这样的人。专业的说服大师会把按动按钮的行为变成某种艺术形式。因此，我打算在本书的最后一部分介绍一些最常见、最有效的机器人模式。如果你想看一下这些模式在实践中的效果，或者你单纯想激怒操纵者，让他们拿你没办法，那你可以尝试一下这些简单的技巧。在这一部分，你会看到影响人们日常生活的所有实用方法。同前文一样，你还会发现自己也曾多次面临类似情况，并且很快就会明白当初为什么会那么做。此外，你还能够回击试图影响你的人，或者更游刃有余地与他们进行拉锯战，这完全取决于你。

我是否以前在这儿见过您？——认知与相似性

一旦我们确定了对某个事物的观点，我们就会强化这些观点，开始表现得像提前设定在某一频道的收音机一样。随后，我们的观点频道会仔细筛查所有输入的信息，决定哪些信息可以通过。虽然这是一个心理机制，但实际上却是以我们的身体反应为基础的。如果我们要对周围环境输入的每一个细微刺激都做出反应，那我们的神经系统就会因信息过载而崩溃。正如我在本书开端所写的那样，我们会仔细选择接受哪些信息，而这是我们必须要做的事情。问题在于我们没有发觉自己并未清楚地意识到这一选择的过程。我们在噪声中选择信息的标准之一就是看它是不是我们已经了解的信息，或者是不是我们喜欢的信息，而"我们了解的"通常就是"我们喜欢的"。

行为学家罗伯特·扎伊翁茨用数十年的时间研究了人类的社会认知过程。在密歇根大学，他证明了重复地接触某个物品会使那个物品对我们越来越有吸引力。在其进行的3项研究中，扎伊翁茨向实验对象展示了一些无意义的词语、汉字书法以及年鉴中的一些学生照片。这些物品被重复展示了25次，实验结果表明，这些物品对实验对象的吸引程度与他们观看的次数直接相关。其他研究也得出了类似结果，这似乎表明人们与物品接触的次数越多，就会越喜欢它们。比如一首歌，你多听一遍就会更喜欢它一点儿。再比如,你最喜欢的电影可能看了 100 遍,甚至更多。(问问你的朋友们,让他们如实告诉你他们究竟看了多少遍《真爱至上》。)

然而,你常常没有意识到你对某个事物的态度受到你跟它接触次数的影响,因为这可能完全是无意识的。在一个实验中,有很多人的脸部照片在屏幕上一闪而过,见过这些照片的人几乎想不起来以前曾在哪儿看到过它们。尽管如此,某个人的脸部照片在屏幕上一闪而过的次数越多,实验对象在现实生活中碰到这个人时喜欢他的可能性就越大。由于我们更容易受到我们喜欢的人的影响,因而这些人的观点和看法也能影响实验对象。

下面,让我们看看这究竟意味着什么。

这是一种无意识的认知。实验对象所熟悉的人可以对实验对象产生更大的影响,尽管实验对象相信自己以前从未见过这些人。这是不是意味着一个企图建立个人威信的政治家如果想要更好地影响选民的选择,就应当停止四处张贴海报,而应当把更多的钱投入电视广告,让自己的脸在屏幕上一闪而过,而任何人都不会有意识地注意到。看起来的确如此,但前提是必须保证我们在看广告时周围没有其他因素干扰,确保我们在关键时刻不会左顾右盼,不会错过所有精心设计的一闪而过的镜头。幸运的是,我们很少像实验对象那样全神贯注地观看广告。此外,与有意识的认知相比,我们并不了解无意识的认知是如何影响我们的。

总是在媒体中出现的贝拉克·奥巴马的脸会对我们产生什么影响？与只在无意中看到他的脸相比，这种有意识的认知是不是能让我们对奥巴马更有信心呢？

　　古希腊寓言家伊索认为：我们对已经认识的事物会开始心生鄙视。也许这一认知准确描述了丛林中动物聚会时的情景，也许他谈的是我们对政客的感觉。但是，说到如何通过反复播出的广告来影响我们的认知，伊索的理论就站不住脚了。实际情况恰好相反：对某事的熟悉能让它吸引我们，让我们欣赏它，并将其视为"真理"。我们喜欢并相信之前见过的事物。只需要出去买清洁剂，你就会发现这一点是如何在你身上得到体现的。你走到货架前，看到琳琅满目的商品（我家附近的超市尽管不大，但我数了一下，有32种不同类型的清洁剂）。实际上，你买任何一种都无关紧要。并且，与其费心劳神地分析这32种不同清洁剂的价格和效用，倒不如做些更有趣的事情。你可能会买最熟悉的牌子，而你熟悉它并一次又一次购买的原因，有可能与你在电视或报纸的广告里一遍又一遍地看过或听过它的名字有关。在我们为《头脑风暴》进行的一场调查中，一个男人说："我一点儿也不在乎广告，只是买我想要的东西"。他并没有想到自己想要某样东西的原因可能是自己认得它，之所以被它吸引是因为在广告里反复见过它。

　　如果上述原因成立，那么某种商品在电视上出现的频率突然增多，应该能使顾客对它迅速熟悉，从而使销量上升，或提高这些顾客的兴趣。不难证实这种关系，因为在进行这类研究时，结果表明这种相互关系是真实存在的。当某种商品频繁地在电视上出现时，我们会更倾向于购买它，甚至不需要喜欢那个广告或宣传片。事实上，实际的广告内容可能非常糟糕，除了能让人们认识产品之外，其他什么作用也没有。当我们站在清洁剂的货架前时，我们看到的广告是否庸俗已经无关紧要，我们仍然会选择自己认识的牌子。你对某个产品越熟悉，我就越敢肯定你会购买它。

然而，其中有个陷阱，至少在涉及有意识认知的时候是这样的。如果我们总是接触同样的东西，过不了多久，我们就会失去兴趣。被迫看了多次商业广告之后，人们就会开始感到疲倦。但这种情况在人们的有意识认知和无意识认知中的表现有所不同。心理学家大卫·舒曼决定对此展开研究，他还想知道如果广告内容发生变化会出现什么情况。他请实验对象观看一个实际上并不存在的电视节目，该节目给一个虚构出来的产品"欧米茄3钢笔"打广告。一半的实验对象观看**同一个**欧米茄3钢笔广告1次、4次或8次，另一半人则观看这个钢笔的1个、4个或8个**不同**广告。

通常，我们看电视的时候不会有意识地坐在那儿接受所有一闪而过的广告，只是心不在焉地看着。舒曼发现，当我们以这种无意识的方式看广告时，如果同样的广告反复播出，我们很快就会失去兴趣。但如果出现一点儿变化，我们就不会失去兴趣。相反，广告的变化越大，我们对广告的反应就会越积极。

如果我们有意识地接受某个广告（例如，为我们真正感兴趣的产品做的广告），情况就会截然不同。舒曼发现，我们在观看某个广告片8次之后，无论观看的是相同的广告片还是略有变化的广告片，都会感到疲倦。当大脑开始有意识地处理商业广告时，每一次接触都会成为对其进行仔细查看和批评的机会。

现在看来似乎与我之前写的相矛盾。使用无意义的文字和几张简单脸部图片进行的实验并未导致疲倦效应，相反，扎伊翁茨的实验结果改进了。但你需要记住的是，这些实验只是围绕一些极其简洁的观感在进行，没有涉及任何具体内容。以那些脸部图片为例，它们出现的时间相当短暂，根本来不及进入人们的意识。而广告的时间更长，内容也更复杂，这就造成了极大的差异。合理的解释是：对那些一闪而过而根本来不及注意的东西，我们很难产生厌倦，而对于长达30秒的广告，我们则很容易产生厌倦。

那么人们最喜欢的电影或歌曲的情况又如何呢？我们绝对看了或听了它们8次以上，如果舒曼的观点正确的话，现在我们早该厌倦它们了。但是，这里也有个重要的差异需要考虑：**我们是自行选择把哪张影碟放进DVD播放机，或者把iPod调到哪个频道的。**换言之，要接触哪些内容是由我们自己掌控的。如果我们已经感到厌倦（其实，我们有时确实会这样……那时我们就会说"够了，好饭也怕多"），只需要选择不再接触这些东西，直到我们恢复对它的兴趣为止。通过这种方法，我们就可以对最喜欢的东西保持更长时间的喜爱，这比我们被迫观看电视剧中插播的商业广告的效果强多了。

真正懂得重复的力量的是希特勒的宣传部长约瑟夫·戈培尔。他的宣传活动基于一个简单的常识："公众"通常把他们最熟悉的事物当作真相，无论他们熟悉的是什么。戈培尔曾这样说过：

> 老百姓通常比我们想象的还要简单。因此，从根本上说，宣传应当做到简单和重复。要想操纵公众意识，只能靠把问题简化成最简单的形式，然后大胆地以这种简单的形式不断地重复，不要在乎知识分子提出多少反对意见。

这听起来有些荒诞，但是我敢说他道出了"巧克力惊喜蛋"广告的秘密。正是经常重复的简单信息才塑造了我们对于世界的看法。重复的唠叨决定了你对生活的看法以及你的生活方式。

当然，问题在于你每天都要听到大量确凿的信息，它们通常会不断地重复，而不是只说一次就结束。我们很难——甚至不可能对连珠炮似的所有信息都做出有意识的反应。这就是为什么人们具有相应的防御系统：思维跳跃和微意识。我们会抵御传递过来的信息，就像牙膏广告里抵御牙垢的有效成分，因此它们只好偃旗息鼓，等待下一次突破我们防御的机会。

套近乎

我要重复一下你在前面几页中读到过的一个结论：我们更容易受到自己喜欢的人的影响。你越是喜欢某个人，就越容易受到那个人的影响。因此，当我想影响别人时，我首先要做的就是确保他们喜欢我。反过来也一样：我们不会听从不喜欢的人的建议。我在《读心术》中用了大量篇幅讨论如何与其他人建立友好关系和信任感。如果我想影响你，那第一步就是让你喜欢我。我在《读心术》中介绍的大多数方法都是在使用非语言性技巧向人们展示你和其他人的相似之处。也就是说，你向他们展示了你们之间的一些共同点，从而创造出一种认同感。有些人的工作主要就是设法让别人同意自己的观点，比如推销员或政客。这些人会不断地表明你和他"都是一条船上的人"，你们"正在为了共同目标而努力"，让你觉得自己和他是同一个阵营的。或者，你可能认为他们和你同属一个群体。服装是另外一个有助于引起认同感的因素。几项研究都曾表明，我们更愿意帮助那些着装风格与我们相似的人。在 20 世纪 70 年代的一个实验中，实验对象根据着装风格被分成两类：嬉皮时尚和古板正统。实验要求他们进入校园，请求大学生帮助他们换零钱以拨打投币电话。当实验对象和请求帮忙的对象的着装风格一致时，成功得到帮助的比例达到2/3，但当双方着装风格明显不一致时，求助者得到帮助的比例则不到一半。

  杰出的魔术师潘尼和怀疑论者特勒通过一个绝妙的例子证明了人们倾向于赞同那些和自己相似的人。此外，人们为何愿意服从权威，以及卡维特·罗伯特提出的：我们大部分人都是跟随者而非领导者的说法也得到了证实。在电视节目《潘尼特勒真人秀：吹牛》中，他们安排一位妇女进行了一次和平抗议活动。这位妇女打扮成传统的环保运动者模样，进行了一场关于环保危机的言辞激烈的演讲，呼吁人们在一份请愿书上签名，要求禁止使用一氧化二氢。她得到了大约100名支持者的热情签名，这些支持者显然都被她铿锵有力的演说（比如"你喝的每一样东西里面都有一氧化二氢，它无处不在，但大公司却没有采取任何措施来阻止它"，等等）打动了，但没有一个人想过要去问一下她究竟什么是一氧化二氢。

  实际上，一氧化二氢是水（H_2O）的化学名称。

  另一个假装你和他人有其实并不存在的相似点的方法，就是声称你们拥有相似的背景。汽车推销员经常被训练观察顾客车内的细节，以了解他们的兴趣和背景。如果他们发现汽车里有一张美国摇滚乐队"烈焰红唇"的 CD，他们就可以推断顾客的儿子很可能参加了那个乐队最近举办的一次音乐会。如果在汽车行李箱中发现了野营装备，汽车推销员就会千方百计地让你知道他是如何一有机会就到郊外野游的。而汽车后座上的一条高尔夫格子短裤可以让推销员编造出某天早上他在雨中完成 9 洞壮举的故事。或者，他会留意顾客的口音，然后"想起来"他在那个地方有个什么亲戚。如果你觉得某个人正在努力向你展示你们之间的共同点，那么这个人一定想说服你相信其他事情，此时你可要保持冷静，因为这极有可能是试图说服你的前奏。

移情

以上这些都是快速建立良好关系，从而对他人产生影响的聪明办法，但是我把最好的办法留在了最后，那就是：我不直接和你相似，而是和你喜欢的人相似！第一次有人提出用这个办法来建立信任吧，但其实这只不过是一个常识而已。心理治疗师们都知道，病人对他们产生的很多感觉，其实就是病人对自己的父母或配偶的感觉，只不过这些感觉没有机会表达而已。这种感觉被称作"移情"。每个刚开始做心理治疗师的人都要警惕这一点，因为这常常是很多病人觉得自己仿佛爱上了治疗师的原因。他们把自己的情感投射到"懂他们"的人身上，比如治疗师（或者好朋友)。这很容易做到,但这些情感的真正归属其实另有其人。

另一种类似的移情就是你遇到了一个人,而这个人让你想起了另外一个人。不知不觉中,你对待这个人的方式就跟对待另外那个人一样。如果那个人是你不喜欢的人,你可能已经在不知不觉中对遇到的这个人产生了反感。或者,如果公交车司机让你想起了自己在高中时迷恋过的某个人,那么你会对他产生一种特殊的感觉。从根本上说,他们唤醒了你以前和某个人建立起来的联系和情感。我认为这也是在无意识的情况下发生的。也就是说,你不必有意识地注意到这个人让你想起了谁,你的反应就会自动产生。当然,这也带来了一点点问题。如果我们把自己的感觉建立在以前而不是现在发生的事件上,那么这种冒险之举是不是意味着我们对某个人的感觉可能并不是真实可靠的?我们如何确定这种差异呢?

如果我搞清楚了移情的机制,那我就有了让你喜欢我、信任我的有效方法。我只需略微调查一下你的朋友、你的过去,看看你喜欢谁或者信任谁,这样的人肯定存在。之后,我只需确保自己在见到你时尽可能地表现得像他或者她(比如,采用同样的行为模式、穿同样的衣服、使用同样的身体语言等等)就可以了!反过来也是一样,如果你想让大家讨厌你,最有效的方法就是尽量让每个人都想起他们讨厌的人。

旦撒 旦撒 旦撒：潜意识的影响与隐藏的信息

> 我们每天大约接收到 3 000 种不同形式的广告，其中留存在潜意识中的只有 50%，而进入思维意识的只有 1%~2%。
> ——马歇尔·科恩 《5E 营销》

在前面那个实验中，面部照片一闪而过，无法被意识感知。这个实验可能让你想起了以前听说过的某件事情，或许你想到的就是通常所说的"潜意识信息"。此时，当我们接触到某种信息刺激（比如看到一个标语），即使那个刺激过于简单或不那么强烈，没有被意识感知，我们仍然会无意识地（潜意识＝无意识）接收到该信息。通过这种方式，我们不仅可以受到影响而喜欢上一个人，就像你刚刚读到的那个实验一样，而且我们的行为还会被完全控制。这有点儿耸人听闻，但问题是：真的会这样吗？

1955 年，研究者 N.F. 尼克松设法证明了这样一个事实：让人们先看一个一闪而过的单词，这个单词闪现的时间太短而无法被人们有意识地记住，然后再让他们说出脑海里冒出来的任何词语，结果他们说出的词语通常和刚刚看到过的那个单词存在某种联系。另一位研究者 R. 荣格把这类实验又向前推进了一步。他证明了以下观点：即便是我们睡着的时候，也能对声音，哪怕是微弱的声音做出反应，但关键是这种声音似乎必须对入睡者有意义，例如低声呼唤其名字。（通过研究入睡者的心电反应可以测量其情感反应，从而揭示入睡者的自动神经系统此刻正在做什么。）即使入睡者没有醒来，也可以测量出这些反应。当入睡者醒来时，他们很少能记得是什么唤醒了自己。显然，大脑中存在某种机制，可以对某些刺激做出反应——尤其当这些刺激对大脑主人具有重要意义时。即便当事人并没有准确意识到这一刺激是什么，自动神经系统也会做出反应，将其当成一种警报或者潜在的情感威胁。但是，是什么决定我们会对哪些信号反应敏感呢？一直以来，有关潜意识的信息备受争议。让我们来看一些比较有名的事例。

1957年，也就是尼克松的实验完成2年之后。假设你要去电影院看电影。说得更具体一些，假设你在新泽西州，决定去看新上映的电影《野炊》。你对该影片很是期待，但这无法解释你在看电影过程中的奇怪感受，其中最深的感受是：自己变得饥肠辘辘。这部电影名叫《野炊》，但你渴望吃的东西比这更具体：你突然强烈地想要吃爆米花、喝可乐。最后，你的愿望变得非常强烈，终于忍不住溜出去买爆米花，结果发现自己并不是唯一这么做的人——爆米花货摊前排起了长长的队伍，一直延伸到影院大厅。大约一周之后，你在家里随意地打开报纸，结果差点儿被咖啡呛着，因为你在报纸上看到了一位名叫詹姆斯·维卡里的市场营销专家做的一个实验。你很快意识到这个实验的地点就是你上次去的电影院。看电影的观众都没有注意到维卡里在电影院中安放了一台机器,这台机器在电影放映的整个过程中一直闪烁着两行字——"饿了就吃爆米花"和"渴了就喝可乐"。但是这两行字每次闪烁的时间只有千分之三秒,远远不足以让你有意识地注意到它。维卡里在 6 周的时间里让数千名观众参与了这场实验。结果显示,影院门前的爆米花销量上升了 **57.7%**,可乐销量上升了 **18.1%**。

再让我们快进 33 年……

1990 年夏天,全世界都在报道有关一个审判的特大新闻。重金属乐队"犹大圣徒"被指控导致两名青少年自杀。拉伊·贝尔纳普和詹姆斯·万斯似乎是由于听了"犹大圣徒"1978 年推出的歌曲《比你好,比我好》后选择自杀。这首歌传递出来的"一了百了……"等信息通过潜移默化的方式,教唆缺乏安全感的青少年自杀。此时,你可能感觉后背发凉,赶紧把 20 世纪 80 年代的老摇滚唱片翻了出来。当你坐在录音机前播放这些歌曲时,你开始发现其中越来越多的隐藏信息,而音乐的录制方式掩盖了这些信息。更让你感到恐惧的是,你发现当你按逆时顺序听这些唱片时,还有更糟糕的信息隐藏其中。你发现歌曲鼓励你去谋杀、崇拜邪恶、传播淫秽思想。突然之间,你意识到自己在 20 世纪 80 年代陷入的那些糟糕心境并非你自己的选择,而是被邪恶的吉他手精心操控了,但你却对此一无所知!

再快进 10 年……

2000 年是美国的大选之年。共和党制作了一个电视宣传片在全国播放。该宣传片攻击了艾伯特·戈尔，指责他的"进步提案"一旦付诸实施会导致大范围的官僚主义。宣传片在结尾处对"官僚主义"这个词给出了特写镜头，并且"鼠辈"一词也以 1/30 秒的速度闪现在屏幕上。同时，宣传片的旁白提到了民主党。最终，共和党赢得选举。

现在，是时候让你清醒了。

以上这些都是真实发生的事件，但从某种非常重要的意义上来说，它们也并没有发生。不错，无论媒介是电影还是电视，的确有人企图表达某种信息，尽管这些信息太过短暂或微妙，我们无法有意识地注意到它。这种情况一直都存在，但是我们很难准确地知道它什么时候会发生，什么时候不会发生，因为传递信息的人并不会说出来（实际上，他们可能还会声称自己没有这么做）。我们之所以知道这些事例，是因为它们都在偶然间被揭露出来了。但是上述的其中一个例子我们倒是确实知道它没有发生，那就是 1957 年在新泽西州放映《野炊》时的那个著名实验。

詹姆斯·维卡里是一个广告制作人，他想让人们知道自己是个聪明、有想法的人。当他把自己的实验告诉世人后，这一实验引起了极大的轰动，但问题在于他没有想到会有人要求他当着他们的面重复这一实验。维卡里答应再展示一次他那台机器，但那台机器总出毛病，偶尔能够正常工作时，实验结果也不如预期。其他一些人也进行了类似的实验，但都没有得到显著的效果。在所谓的维卡里影院实验完成1年之后，加拿大一个人气很高的电视节目在播出过程中快速闪现了352次"现在就打电话"字幕，但给节目组打电话的人跟平时相比并无变化。在节目接近尾声时，主持人透露说他们在节目中传递了一则潜意识信息，并请观众们写信（也许观众们太腼腆，不愿意打电话）来猜一猜这个信息是什么。电视台收到了将近500封信，但没有一封猜对答案。然而，几乎一半的观众来信都说他们在观看电视节目时感到又渴又饿，因而猜测这个潜意识信息就是让他们吃点儿东西、喝点儿东西。这些人显然听说过维卡里的实验，而且相信其实验结果，因此一听说节目传递出了潜意识信息，他们立刻就"记起来"自己在看节目时感到又渴又饿。这件事告诉我们：我们的心理预期能够对我们产生强烈的影响。假如果真有像安慰剂一样的潜意识存在，那心理预期就是这个安慰剂了。这也再次证明了一点：要改变我们的真实感受其实是相当容易的。

电影《野炊》的放映实验结束5年之后，维卡里承认实际上他们唯一做的就是为那台闪烁字幕的机器申请专利，他们并没有任何数据可以支撑实验结论。20世纪90年代初，进行过那场实验的电影院仍然矗立在新泽西州的李堡镇，而到现场参观的人很快都意识到那家电影院太小,根本不可能容纳维卡里宣称的实验参与人数。看来,最著名的潜意识广告实验似乎是个骗局。如果还有人不嫌麻烦,前去询问卖爆米花的摊主,她可能会说进行实验的那天其实和平日没什么两样。

20世纪60年代,音乐界兴起了"后向掩蔽"技术。后向掩蔽实际指的是先录下信息,然后像普通音乐那样倒着播放。据说甲壳虫乐队曾在几首歌曲中使用了后向掩蔽技术,散播保罗·麦卡锡已经去世的谣言。在那之后,这一技术就广为流传,被应用在了很多音乐作品中。有时这样做是为了删改歌曲中"不好的"歌词(而不是靠增加噪音来掩盖),使歌曲适合播出,但更多时候这是工作人员之间的玩笑或者小设计。比如有一次,平克弗洛伊德摇滚乐队就在他们的一首歌里隐藏了下面这个反向信息:"恭喜你!你找到了隐藏的信息!"

另一种技术是"后向演讲",或者"语音反转"。你可以倒着听任何一个演讲录音。由于英语语言的建构方式非常特殊——其中包含辅音和元音,因而听起来好像是其他词汇,有时候还会听出完整的句子。《加州旅馆》的第一句歌词倒过来听就像"我相信我的酷女郎",而布兰妮·斯皮尔斯唱的"我太年轻"倒过来听就像"哇,我又这么做了"。这只不过是一种常见的语音现象。在很多情况下,倒着听说过的话极其困难,有时几乎是不可能的。也就是说,至少得有人向你指出来。"就在那儿!你听出来了吗?

他们说的是'撒旦'！就在那个听起来像'热狗枕头'的发音后面。我告诉你，再听一遍！就在那儿！"于是，突然间你就很容易听出来了。

一个迫切想让你倒着听音乐，从而听出其中隐藏信息的人是格林沃尔德牧师。他是一位美国的狂热正统派基督教牧师，曾经在1982年组织人们销毁唱片，以抗议他在摇滚乐中发现的邪恶信息。你也许认为像格林沃尔德牧师这样的人肯定有充裕的时间，因为他显然每天把所有时间都花在了倒着听摇滚乐这件事上。但是，他的"发现"引起了出版发行界的愤怒，甚至还波及了瑞典。当然，就像格林沃尔德牧师那样，你很容易听出自己想听的东西（这个例子就是如此），因而当两个十几岁的少年自杀时，谴责邪恶颓废的摇滚乐手比面对现实要容易得多。

两个自杀了的少年——拉伊·贝尔纳普和詹姆斯·万斯在生活中都吸毒，经常被警方传唤，有学习障碍，在家庭中受到虐待，长期无所事事。正如这个案子的法官所指出的，这些问题所造成的负面影响比摇滚乐中的颓废信息要严重得多。（"犹大圣徒"乐队在审判中为自己辩护说："我们为什么要杀死自己的粉丝呢？这和我们的初心相悖。"）

事实上，没有一项真正的研究能够证明我们会因潜意识信息而采取某种行为。相反，事实证明我们能对潜意识刺激做出反应。那这说明了什么呢？有清楚的证据表明：对潜意识的感知，即处理意识领域之外的信息，能够影响我们的行为。这方面的典型例子就是鸡尾酒派对效应。假设你在参加一个派对，此时，你正在专心听朋友说话，忽视了房间内所有的背景噪音。突然，现场另外一处的某个人提到了你的名字，你立刻就会捕捉到这个信息，并开始关注那个人说了些什么，即便你可能根本没有意识到那个人也在房间里。

我们再举一个例子，请大家花一两秒钟的时间看看下面这幅图：

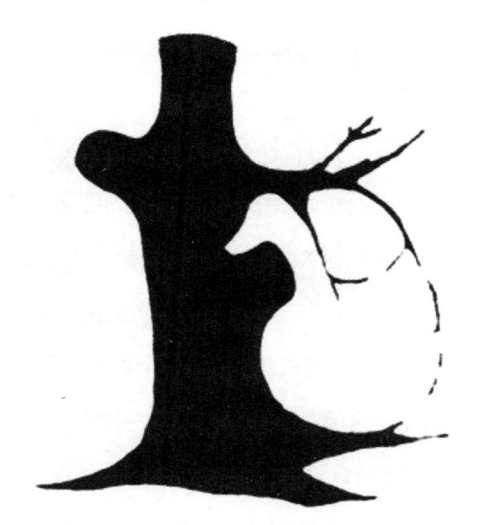

图 3-1　隐藏有鸭子形象的树干

然后，再看看下面这幅图：

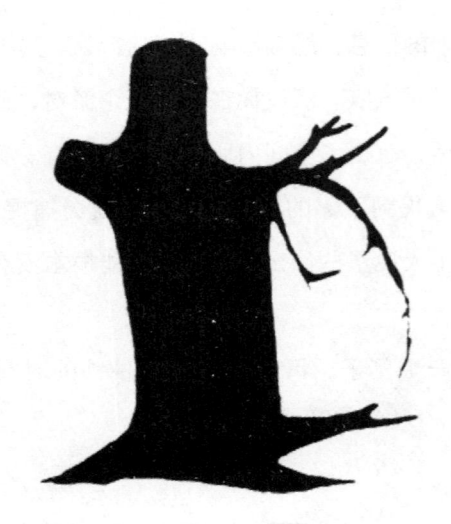

图 3-2　没有隐藏形象的树干

你能发现这两幅图有什么不同吗？如果没有发现，那就再试试。图 3-1 的枝杈间有个白色的鸭子形状的图像，但图 3-2 没有。1966 年，这两幅图被展示给一些大学生看，然后要求他们随意画出一幅体现大自然的画。与另外一组学生相比，看了第一幅图的那组学生画出来的图显然和鸭子的联系更多一些（比如鸟、水、羽毛等等）。换句话说，我们的大脑能对一幅图片同时做出几种可能的解读，即使我们只意识到其中的一种，即我们觉得最合乎情理的那种。在这个实验中，实验者所做的一切只不过是让实验参与者看这幅模棱两可的图片一两秒钟，让他们的大脑注意到那只鸭子，并把它作为一种可能的解读，从而开始无意识地联想到与鸟有关的事物。

这类现象表明，人们可以处理从未进入其意识领域的信息，并受其影响。但这一研究似乎也表明：我们的潜意识处理只局限于这类较为简单的任务，比如考虑一幅图的两种不同解读。

在 2001 年之前，没有任何研究可以证明潜意识印象能够促使我们采取某些行为，比如购物或者自杀。心理学家提摩西·摩尔相当准确地对此进行了总结，他说："强烈的潜意识效应，比如引起某种特定行为或者改变某个人的动机，从来没有得到经验的证明。"

营销心理学家杰克哈伯·斯特罗则说得更为坦率："潜意识有用吗？没用。大量的科学数据表明，潜意识营销根本没有作用。"

就连那个引发了这场讨论的大骗子詹姆斯·维卡里也承认，只有那些已经有意购物的人才能被潜意识广告影响。但即使在这种情况下，通常也没有办法证明他们曾接收到任何信息，无论是潜意识信息还是其他信息。

然而，时至今日，情况发生了一些改变。2005 年的一项研究表明，我们会因为潜意识印象的影响而改变自己的行为，可以在没有意识到的情况下进行学习。波士顿大学心理学教授渡边岳夫和他的团队进行了一场有趣的实验。

首先，他让实验对象注视一台监视器，里面出现了一系列不同颜色的字母。他们要求实验对象特别留意灰色的字母。同时，监视器的四个角落出现了许多移动着的小圆点，这些圆点处于实验对象的视野边缘。在灰色字母出现之前，5%~10%的小圆点会开始朝同一个方向移动。这个变化非常细微，肉眼很难察觉到。换句话说，这个难以察觉的信号（圆点的移动）实际上在预先告诉实验对象灰色字母即将出现。通过这种办法，渡边岳夫测算出了实验对象的反应时间，发现了他们更准确地观测到了灰色字母出现的时间，从而测量出实验对象掌握这一模式所需的时间。

实验的第二步看起来似乎是在重复同样的步骤，但这一次，那些难以察觉的小圆点出现在了颜色的阴影中，慢慢融入背景，直到无法被意识辨认出来。换句话说，由于只采用了全部圆点中的一小部分，并且处于视野边缘，因而那些原本就已经难以察觉的信号现在变得看不见了，至少对大脑来说是这样的。接着，实验对象被要求反复观看闪烁的字母，同时注意观察难以识别的圆点。之后再进行测试时，他们通过察觉圆点移动从而预测灰色字母出现时间的能力有了显著提高。这种通过学习掌握的技巧似乎一直伴随着他们。6个月之后，实验对象仍然能够看见你我通常看不见的事物。

渡边岳夫测试的是我们吸收视觉信息的能力，但他同时认为大脑的其他部分也会以类似的方式运作。例如，他指出，在学习一门新语言时，可以采取非常简单的方法，无须对其进行有意识的关注，这样学习起来会更容易。尽管专注于学习内容仍然是更有效的学习方式，但这个实验结果还是证明了一点：成年人的大脑可以通过接触周围事物而发生改变。唯一的问题在于，这种改变的程度有多大。当然，学习预测屏幕上什么时候出现字母和学习一门全新的语言之间存在着巨大差异。

2007年，在英国进行的一项研究中，人们首次观察到了大脑对潜意识印象做出的反应。巴哈德·巴赫拉米向一些实验对象展示了各种日常物品的潜意识图像，然后要求他们完成不同的任务。在实验进行的过程中，他观察了实验对象大脑中被称为"初级视觉皮层"区域的活动。在这个区域，可以看到大脑对图像的反应——如果真的出现反应的话。巴赫拉米发现，当实验对象执行简单任务时，图像的出现可以激活视觉皮层。这意味着大脑已经记录了这些图像，尽管实验对象还没有意识到自己看过这些图像。有趣的是，在实验对象执行更为复杂的任务时，潜意识图像没有被记录下来。巴赫拉米认为，这意味着我们的大脑对周围的事物是开放的，但我们的注意力却是有限的。如果大脑没有超负荷运转、尚有富余精力的话，它就会把这些精力分配到各种简单任务中去，比如留意潜意识信息。但是，如果大脑的运转已经达到极限，我们就不会再记录任何潜意识信息了。巴赫拉米还谨慎地宣称，他的研究可能揭示了潜意识广告对大脑的实际影响：

"我们的研究没有解决潜意识信息是否会影响你购买某个商品这个问题。我认为潜意识广告信息很可能会影响我们的决定，但这一点目前还处于猜测阶段。"

但问题就在于此：实验对象必须执行的不同任务——无论是简单的还是复杂的——在现实中都找不到确切的对应事物。实验中的简单任务就是在出现的字母串中找到字母 T，复杂任务则要求实验对象更为专注，在相同的字母串中挑选出白色的字母 N 和蓝色的字母 Z。把这些任务和你要做的事情比较一下：用你的眼睛和耳朵理解一部简单的电影《四个葬礼和一个婚礼》。你必须理解影片中的视觉符号，并分析电影对白中试图让你发笑的双关语。这两个任务要求你的大脑在不同的联想路径中进行积极而富有创造性的交流。在观看影片时，你还要记住影片中的人物以及他们之间的复杂关系，并赋予他们相应的情感联系，同时你还要留意演职员名单，这样才能知道那首动听的主题曲的名字。这只不过是一部简单的电影，我还没有提到真正让人感到困惑的复杂电影呢，比如那部《宠物小精灵》。

电视广告对你提出了同样的要求，只不过把时间压缩到了 20 秒以内。坦白说，我得承认我没有私下问过巴赫拉米辨认那些字母究竟有多难，也许真的非常困难。但是在日常生活中，我认为潜意识信息其实极有可能会被淹没在所有噪声之中。

这让我从现实生活中找到了一个典型例子：带有潜意识信息的自助CD。这种CD从20世纪90年代开始流行（在它出现之前，人们用的是卡式磁带），但目前仍然比较赚钱。它其实就是光盘或者mp3文件，其中的内容包括告诉你如何减肥、如何戒烟、如何出名致富、如何变得更自信和更有魅力等等。通常，这些内容可以根据你的具体需求量身定制，并以极低的音量在整个录音中反复出现，其中还会录上音乐（这些音乐通常是接受度高的流行音乐或者令人浑身起鸡皮疙瘩的电子摇滚音乐，除非你比较幸运，得到的是古典音乐），以掩盖录制的信息，这样你就听不到了，因而里面的内容就变成了潜意识信息。人们对这些CD进行了你所能想到的各种测试，结果喜欢它们的人觉得它们有用，其他人则觉得没用。事实上，我认为这纯属无稽之谈！有人进行了几次可靠的独立研究，对比了实验对象在听这些潜意识录音（比如承诺能改善记忆力或增强自信心的录音）之前和之后的表现，但没有发现实验对象的表现有何积极变化。尽管有些实验对象相信自己的记忆力得到了改善，但经过测试之后发现，这不过是实验对象一厢情愿的想法而已。

我知道，现在有的人会说我思维狭隘，而我也觉得让有些人失望了，但我的结论却极其简单：这种自助式音乐CD只不过是我们这个时代的江湖骗子们使用的狗皮膏药而已。很遗憾。

一个典型的例子

最让我感到好笑的一个带有潜意识信息的自助 CD 制造商是"未来世界信息产品公司"。

图 3-3 "潜意识大脑写作系列"的广告海报

他们在网站上自豪地宣称"潜意识大脑写作系列"具有无限可能:

……这是自 20 世纪 50 年代著名的爆米花潜意识实验以

来，潜意识技术方面最深刻的一次突破。当年的爆米花实验创造了观众几乎难以抵抗的售卖信息，爆米花销量增加了300%甚至更高，震惊了广告界。

300%?！正如大家所看到的那样，詹姆斯·维卡里在电影院制造的传奇故事正变得一年比一年更离谱。让"未来世界信息产品公司"变得如此与众不同的原因，除了篡改事实以达到其目的这件事之外，就是他们发明了革命性的新技术——"零掩蔽"。也就是说，当你听他们的唱片时，与其他的潜意识录音不同，你可以——用他们的话来说就是"调高音量并真切地'听到'潜意识信息，这会让你事先知道潜意识将会听见什么并做出反应。"

他们的设想是这样的：一旦以这种方式听了唱片之后，你就可以把音量调低到"可听见的水平"之下，让潜意识来掌控你。果真如此吗？这和包含了创意思想并且可以回放的有声读物有何区别？难道是我现在太悲观了吗？

情色信息

让我们看一下这两幅图片。

你是否感受到一股突如其来的欲望之火，或者担心自己不够有吸引力？还是没有这种感觉？有人说只要看一眼这两幅图片，你就会产生这种感觉，只不过你不知道而已。

1.   2.

图 3-4　与隐藏信息有关的两张图片

  与潜意识信息有关的一种现象是隐藏在广告图片中的信息。这些信息不属于潜意识，因为我们能够有意识地感受到它们。但它们的目的是溜进我们的防御区域，并在无意识中影响我们。这类信息几乎都是包含了性暗示或色情内容的信息。经常被提及的有关潜意识的典型例子是一个威士忌的广告图片，有人说冰块中添加了 3 个字母 SEX。我不知道冰块中添加拼字游戏如何能让我更渴望购买威士忌，可能是我这个人有点儿迟钝无趣吧。

  相信这一理论的人声称，人们能够对性刺激信息产生生理反应（显然这是在冰块上写那些低俗字眼的原因），这一点是可以检验出来的，比如，可以通过对皮肤湿度进行检验来证实。皮肤湿度受自主神经系统的控制，性意识被唤醒或我们心情激动时，皮肤湿度就会增大，尽管这种反应非常不明显。我自己也接受下面这一观点：生理反应增强可能会让我更渴望购买某种商品，就像我在有关红色、万宝路和可口可乐那部分内容中写到的那样。但问题是，这些号称是潜意识侦探的人似乎在任何地方都能发现性暗示信息（他们声称，几乎在任何地方的图片中都被巧妙地添加了男性生殖器的意象）。他们甚至在一些生理反应几乎与产品根本无关的广告和图片中发现了性暗示信息。如果说相关产品能让我产生某种快感，这也说得过去，因为这样一来就可能会让顾客产生低俗的想法。那么报纸或杂志封面上的信息又如何呢？而有些广告中已经充满了有意识的、明显的性信息，比如为花花公子电视频道做的广告。在这些广告中添加带有潜意识性暗示的信息似乎有点儿多余，尽管如此，依然有很多聪明且严肃的人声称有充分的证据可以表明这样做是有效的。

如同后向演讲一样，我认为这类事情的关键在于旁观者的看法。有个名叫威尔逊·布莱恩·凯的人写了4本书，全面"揭露了"这样一个事实：在广告中植入低俗信息的传统由来已久（在这样做的同时，他把我刚才提到的那个威士忌冰块广告宣扬得世人皆知）。打那之后，陆续有人加入他的活动。此时此刻，我想坦率地承认一点：这些人发现的例子事实上非常典型，其中的确隐藏了性信息。还有一些例子要看你怎么理解了——最起码，其中相当数量的例子显然都是一厢情愿的想象而已。如果诸位仔细一点儿，我敢肯定在长时间盯着一锅沸腾的面条时，大家都能看到字母 S、E 和 X，或者一对乳房的外形。这没什么大惊小怪的，仔纸观察而已。

我刚才给大家看了奥古斯特·布洛克的《推销的秘密》一书中的两张图片。现在请告诉我，这两张图片是否让你充满欲望，立即开始抽烟并着手重新铺设起居室的地板呢？

下面让我们再看一下图 3-4 中的第一张图片。

第一张图片是"隐藏信息"领域中的典型例子。这则广告出自美国的一本电话簿。后来有人无意中倒过来看了一眼，结果大为恼火，该广告因此被立即从目录中删除了。

这张图片是故意画成那样的吗？如果是故意的，那你觉得它会有助于推销地板铺设服务吗？大家是否思考过你们在本书中读到的其他技巧呢？从另一方面来说，即使从正常的角度来看这张图片，它也与铺地板没有太大关系。威尔逊·布莱恩·凯可能会说，这张倒过来的图片表达的是那些地板铺设专家非常渴望能在铺地板时为寂寞难耐的家庭主妇提供一些特殊服务，而图片中的那句广告词"家居高手"表达的则完全是另外一种意思。或许图片中的 D. J. 地板铺设先生是历史上最了不起的机会主义者。

或者可以说，这则广告也许纯粹是一次非同寻常的巧合？很难说。不过，假如这则广告中的潜意识信息真的有效，那么我敢肯定我们会看到更多的 D. J. 地板铺设先生。

图 3-4 中的第二张图片是关于这一点的另外一个例子。潜意识侦探们声称他们在图片中的男人手里看到了一个男性生殖器，认为这一定是利用修图工具添加上的。通过图片上的文字"软包"和"硬包"以及那个男士焦急的表情，读者会联想到自己的阳痿问题（很可能是心理作用引起的）。我内心的弗洛伊德认为，图片中的文字表述已经相当明显了，但我能对谁说呢？大家又是怎么想的呢？

更多典型例子

威尔逊·布莱恩·凯及其弟子们在图片中发现的隐藏信息引起了巨大轰动——就像大约 10 年前在音乐中发现潜意识信息那样，导致今天的广告图片中（以及音乐中的隐藏信息）充斥着大量色情信息。我猜想，参与设计的创意人员之所以这样做，主要有两个重要原因：一是他们认为这只不过是行业的一个内部玩笑，二是他们认为这样尝试一下无伤大雅，因为"你是永远不会知道的"！但我十分赞同一个观点：无论是哪个夏洛克·福尔摩斯，只要他／她发现了图片中的色情信息，那他／她一定是遇到了某种令人情欲高涨的场景。

图 3-5　可口可乐的一张广告海报

上面这张广告海报相对比较新，如果我是图片设计师，并且听说过威士忌冰块中隐藏的性爱信息所引发的争议，那我不敢肯定自己能够抵制住诱惑而不亲自尝试一下。因此，不管怎么说，我确信，如果人们是故意这样做的话——这种做法是我们生活的这个疯狂世界的一次偶尔为之的狂欢活动，对大众来说是这样，而对威尔逊·布莱恩·凯及其弟子们来说尤其如此，他们并非单纯地想让你喝更多的可口可乐。

还有一点发现也很有趣：在重金属乐队的专辑和广告所隐藏的性暗示图片中，由于潜意识信息触犯道德禁忌而引起愤怒的情况 95% 出现在美国。这要么表明美国人比世界上其他国家的人思想要肮脏得多——这些发现暴露了他们对性暗示信息的迷恋；要么表明这些人比其他人更害怕淫秽色情思想——在每个黑暗的角落都能看到淫秽下流的事物。究竟是哪种情况，大家自己判断吧。

在过去的 20 年间，广告中隐藏的信息数量没有增加多少，或者至少没有过去发现得多。但是，这可能只意味着广告制作者现在更善于隐藏这些信息，因而没人能够发现它们。这真是绝妙的讽刺。

现在我们总结一下关于潜意识广告和隐藏信息的内容。我们能够在无意识状态下感知许多事物，其数量远远超过我们有意识感知的事物。无意中感知的事物能够影响我们，比如我们能够听到远处有人提及我们的名字，或者在不知不觉中开始画些花花鸟鸟。然而，这要求我们有足够富余的注意力，以激活大脑的这部分区域，捕捉潜意识信息。没有证据表明我们可以在潜意识信息的刺激下去实施某种复杂的行为。传统的反对意见认为，我们并不知道长期接触这些潜意识信息能产生什么结果。尽管我们接触 1 次甚至 10 次潜意识信息时，它（比如广告中的潜意识信息）也并不会对我们产生任何重要影响，但是如果连续几年定期接触会出现什么结果呢？其影响又如何呢？由于很难区分潜意识信息和偶然巧合，因此没有确切的方法来衡量这一点。

一想到长时间接触潜意识信息可能产生的影响，就令人感到害怕，这一点毋庸置疑。但是，我们需要记住：这些所谓的潜意识信息，无论是关于情欲性爱的，还是关于政坛鼠辈的，几乎都在企图有意识地影响我们时被"揭露"出来！我们经常看到政客们互相诋毁中伤，或者装扮潮酷的模特们力图使我们买下昂贵的牛仔裤。但我认为，关注潜意识信息对我们的影响要比揣摩广告背景中那个身影是不是名模帕丽斯·希尔顿的裸体更重要。

情理之中？——认知幻觉以及其他谬论

练习 8

请慢慢回答下面这些问题，不要着急，放松一点儿，花点儿时间仔细思考你的答案。

（1）想象这样一个场景：杯状病毒突变成致命性病毒，预计第二年冬天会有 600 人受到这一病毒的威胁，但仍然还有希望，人们可以接种疫苗。如果我们选择方案 A，可以拯救 200 条生命；如果我们选择方案 B，有 1/3 的概率可以拯救 600 人，2/3 的概率一个也救不了。我们应该选择哪种方案呢？

（2）布拉克和泽拉克在抛硬币。前 4 次抛的结果是：

布拉克：正面、背面、背面、正面

泽拉克：背面、背面、背面、背面

他们谁更有可能在下一次抛硬币时抛出正面呢？

（3）102，85，38，99，116。忘掉你刚才读到的这些数字，请回答下面这个问题：大约有多少国家加入了联合国？猜一猜。

（4）我掷了 5 次骰子，以下是 3 种可能的结果。当然，其中只有一种结果是正确的。下面哪种结果更有可能是真实结果呢？

① 4-4-4-4-4

② 2-1-4-3-2

③ 2-4-2-4-2

正如大家在上一部分读到的那样，我们会选择某种有意识的解读，从接收到的信息中得出一个有意识的推论——就像前文中树干与鸭子的那个例子一样，而不会选择随机运用哪一种解读。人类的进化发展使我们会做出最有利的解读。尽管如此，有时我们还是会做出极其错误的解读和推论，成为"认知幻觉"的受害者。这些认知幻觉就是我们都会得出并且总是以同样方式得出的谬论。这并不是我们之前做出的错误推论，而是经常随时得出的谬论。尽管如此，我们还会一直重复同样的错误推论。例如，我们会坚持把似是而非的东西混淆成可信的东西。似是而非的结果与我们以前的经验和观察有关，与我们平时的记忆有关。概率则与数学有关。练习8中的两个问题就和概率有关：抛硬币和掷骰子。我们先从布拉克、泽拉克以及他们的硬币开始说起。你给出的答案是什么？

最常见的答案是：泽拉克最有可能下一次抛出正面，因为他之前已经连续多次抛出了背面。这个错误极其常见。这是一种推导谬论，能导致自作聪明的人在赌场上输得精光，因为他们觉得轮盘连续转停到黑色区域那么多次，下一次很有可能会轮到红色。或者，这种推导谬论将使你相信自己在多次倒霉之后一定会时来运转。

但是硬币每一次被抛到正面或背面的概率总是50%，无论之前情况如何。的确，从长远来看，事情的发展总是好坏各半，基本持平：如果我们一直将硬币无限次地抛下去，那么得到正面和背面的次数是一样的；轮盘上的球落在红色和黑色区域的次数是一样的；我们也会经历同样多的好运和坏运、阳光和风雨。但这一情况只有在我们抛了无数次硬币（或者轮盘转了无数回、天气变化了无数次）之后才会出现。如果我们只看其中的一段过程，比如只抛5次硬币，那么每次抛到同一面的可能性和5次抛到各种顺序的正面和背面的可能性是一样的：

正面—正面—正面—正面—正面	背面—正面—正面—正面—正面
正面—正面—正面—正面—背面	正面—正面—正面—背面—背面
正面—正面—正面—背面—正面	正面—正面—背面—背面—正面
正面—正面—背面—正面—正面	正面—背面—背面—正面—背面
正面—背面—正面—正面—正面	背面—背面—正面—正面—正面
正面—正面—背面—正面—背面	正面—背面—背面—正面—背面
正面—背面—正面—背面—正面	背面—正面—背面—背面—正面
背面—正面—背面—正面—正面	背面—正面—正面—背面—背面
正面—背面—正面—正面—背面	背面—背面—正面—正面—背面
背面—正面—正面—正面—背面	正面—背面—背面—背面—背面
正面—正面—背面—背面—背面	背面—正面—背面—背面—背面
正面—背面—背面—背面—正面	背面—背面—正面—背面—背面
背面—背面—背面—正面—正面	背面—背面—背面—正面—背面
正面—背面—正面—背面—背面	背面—背面—背面—背面—正面
背面—正面—背面—背面—正面	背面—背面—背面—背面—背面

如果你抛 5 次硬币，可能得到上面任何一种结果，它们出现的概率基本上是一样的。事实上，如果无限次地抛下去，以上各种结果都必然会在某一次出现。全部抛到正面或背面的可能性和抛到其他各种顺序的可能性是一样的。对布拉克和泽拉克两人来说，第 5 次抛到正面的概率都是 50%。那为什么我们没有这样

想呢？为什么我们觉得连续抛出 4 次背面比 4 次抛出不同结果的人更有可能在下一次抛出正面呢？这是因为我们把自己的经验和对概率的认识混为一谈了。抛 5 次硬币会得出多种不同的正面和背面的组合方式，但只有一种是背面—背面—背面—背面—正面。由于大部分可能的组合都包含这种或那种顺序的正面和背面，所以在我们的经验中，会看到更多两面都有的情况，而很少看见连抛 4 次都是同一面的情况。事实也的确如此，只要我们不考虑每一面出现的次数以及它们组合的顺序。如果我们那样做了，就会意识到每当我们连续抛 4 次硬币，无论得到哪一种正面和背面的组合，它都与最后一次抛硬币是一样的，都是独一无二和罕见的（或常见的）。无论前 4 次抛硬币得到的顺序是什么，即使得到的结果全部都是背面或正面，下一次抛到正面的概率也是 50%。

　　我想大家现在已经明白我要如何处理掷骰子的问题了。最常见的答案是②，其次是③，最后是①。但实际上，每一个答案的概率都是一样的。

　　这种思维方式会对我们的生活造成伤害，不仅仅是在赌桌上，而且是在所有当我们回顾过去发生了什么，并开始判断接下来会发生什么的情况下。

　　但这只是隔靴搔痒，仅仅涉及我们奇怪思维的皮毛。

我直接给你 10 英镑。或者我们来抛硬币，如果你赢了，我就给你 20 英镑，但如果你输了，就什么也得不到。你选择哪种？

我给了你 30 英镑，你要么选择还给我 10 英镑，要么来和我抛硬币。如果你赢了，什么都不用给我，如果你输了，就得给我 20 英镑。你选择哪种？

对于第一个问题，大部分人都会选择第一个方案。对于第二个问题，大部分人都会选择第二个方案。但实际上你选哪个方案都无关紧要。在用数学方法计算得失时，人们使用的术语是"期望值"。如果我知道采取某个行动之后得到 10 英镑的概率是 100%，那么那种选择的期望值就是 10 英镑。然而，如果我得到 20 英镑的概率只有 50%，那么这一选择的期望值也是 10 英镑。大家明白了吗？这一运算需要用 20 英镑乘以 50%。这就意味着，在逻辑、数学以及科学术语中，第一个问题向你提供的两个选择具有相同的期望值。根据这一观点，你选哪个方案都没有什么区别。第二个问题实际上也是同样的道理，但我们在心理上却不是这么计算的。我们对有机会得到什么东西和失去什么东西持截然不同的态度。如果我们有可能失去所拥有的事物，比如你必须还我 10 英镑，那我们宁愿冒更大的风险来避免损失。但是对于赢得某个我们还没拥有的东西，我们就比较保守，不愿冒险。这就是为什么在关于计算收益的问题中,我们会选择第一个方案,这是为了确保能得到10英镑。但是在冒险失去已经拥有的东西这一问题上,人们则更愿意赌上一把,冒险抛硬币。

如果回到前面的练习8中,再读一遍关于杯状病毒的问题,你就会明白这也是同样的道理:两个选择都具有相同的"期望值",即挽救200条生命(600的1/3)。你选择哪一个方案都没有关系。但是如果我们重新表述一下这两个选择:

如果我们选择方案A,400个人会死掉。如果我们选择方案B,有1/3的概率拯救600人,2/3的概率一个人也拯救不了。我们该选哪个方案呢?

在方案B里,仍然有1/3的概率让每个人都获救,但是在方案A里,突然之间有400个人必须面对死亡。这是不是让方案B听起来更诱人呢?当然,从600人里面救出200人和600人里面要死掉400人,这两种说法在数学上毫无区别,但是却会在心理上产生巨大差异。第一种表述使我们觉得能赢得什么,第二种表述使我们觉得会失去什么。而这就像我刚才说的那样,我们对得与失持截然不同的态度。

我可以利用这一事实来影响你。为此,我要做的就是以某种可以导致你误判的方式来呈现选择方案。你对某个事件的认识取决于这个事件的表述方式，这一点对我们选成的的影响极难摆脱，在现实生活中，其带来的影响非常巨大。

曾经有很多医生被请去参加一项测试，该测试以真实医学数据为基础，涉及某种外科手术操作。当医生们被告知病人在手术后 5 年内的死亡率是 7% 时，他们都很犹豫要不要进行这样的手术。但当他们被告知病人在手术后 5 年内的存活率是 93% 时，医生们均认为该手术非常稳妥。这就是失去和获得的表述带来的差异。

意大利认知科学家马西莫·皮亚泰利·帕尔马里尼问了人们一个问题：水杯是半空的还是半满的？他用这个形象的比喻解释了这一现象。7% 的死亡率相当于半空的杯子，而 93% 的存活率相当于半满的杯子。这两者本来没有任何区别，但实际上却迥然不同。解决问题的方式完全取决于这个问题的呈现方式。我们只不过是别人提供给我们的思维框架的囚犯。

爱德华·德博诺写了很多有关创造性思维艺术的著作，并提出了"水平思考"这一概念，其代表作是《六项思考帽》。水平思考指的是改变对待任务或问题的态度，从而想出全新的、打破常规的解决方案。也就是说，改变问题或任务呈现给你的方式。要做到这一点，最好的办法就是把问题置于正确的语境中，用全新的视角观察它。当我们专注于手头的任务时，常常会墨守成规，把这个任务和周围其他事物割裂开来。在讨论可得性的那一部分里，你会看到一些例子，表明我们倾向于只考虑呈现给我们的选择方案，而不是跳出选择看看还有没有其他可用方案。

在得出自己的结论时，你也会表现得很奇怪，会受到之前得到的信息的影响，即使这些信息和你手头上的事情无关。在回答联合国有多少个国家那个问题时，我猜你给出的答案大约在110~130之间（除非你已经知道了正确答案），肯定不会超过140个国家。但是正确的答案是192。你的猜测受到了问题前面那几个较低数字的影响，尽管它们和问题没有一丁点儿关系！马西莫·皮亚泰利·帕尔马里尼对他的学生们做了一个类似的实验：他让学生们猜一猜有多少非洲国家加入了联合国。但在这之前，他转动了一个标有数字的"幸运轮"，这个幸运轮和问题没有丝毫关系，但其影响却非常明显：当轮子停在较小的数字那里时，学生们猜测的数字相应也较低，当轮子停在较大的数字那里时，学生们猜测的国家数量就比较多。

看起来我们似乎不喜欢让自己的思考到处漫游，远离先前得到的信息，尽管它们之间没有关联。这也是为什么第一印象非常重要的原因之一。第一次见面就好比是"幸运轮"，任何其他与其相关的事物都会受到第一印象的影响，即使后来的印象与第一印象不符，甚至相反。

作为试图影响你的人，我当然清楚你经常把概率和自己的经验混为一谈。我知道你在对待得与失的时候会赋予它们不同的数值，即便在你不该这样做的时候也是如此，比如那个杯状病毒和 10 英镑的例子。我也清楚，你无法在我提供的选择之外考虑其他方案。你在做决定时，习惯于根据已经获得的信息——我提供给你的信息思考问题，我对你的这一习惯心知肚明。有很多有效的方法可以用来控制你的思想。当我想影响你的时候，我最喜欢利用的一点就是你经常让自己的感性控制理性，而我也总是很高兴看到你选择待在我提供给你的思维框架中，无法打破常规。当然，我自己也总是陷于各种各样的思维框架中。但我略好一些，能够避免像你那样错误地思考问题。但是，只要初步了解我们的思维方式，它就可以成为你揣在口袋里的一把切破思维框架的利刃。说不定也许你能设法为自己切开一扇门，最终走出框架的限制。

一个典型例子——海湾战争

有一个例子说明了我们为何容易受到已有信息的影响，即使我们对那些信息持批判态度。军事宣传常常会利用这一点。

在 1991 年的海湾战争期间，每次美军空袭之后，布什政府都会公布伊拉克平民的死亡数量。他们提供的数据总是很低，通常是 2 人、3 人或者 10 人。用他们的话说，这是"像外科手术般精确"的战争。然而，很多人对这些数据非常怀疑，即使在美国国内也是如此。但那些持极度怀疑态度的人给出的数据同布什政府公布的数据也差距不大，他们猜测可能有数百人甚至数千人死亡。

但实际上，在空袭中死亡的伊拉克平民人数达到数万人之多。在这场战争中，布什总统成功地牵制了人们的思维。

你知道（不知道）自己在做什么：我们行动的原因并不总是我们想的那样

> 最近，古尔吉特奖（广告创意金蛋奖）在瑞典颁发，这是广告界所有创意天才欢聚一堂奖励彼此精彩创意的盛会。这本身没什么不好，而他们制作的那些充满趣味和想象力的广告也给我留下了极其深刻的印象。但是我相信，市场营销的未来必将与生物学和心理学领域中的新发现有着越来越紧密的联系。
>
> ——商业分析专家卡洛琳·达尔曼

我们总以为知道自己在做什么，知道自己为什么要这么做。当一切运转正常时，我们觉得明白自己为什么这么做，清楚我们的行动都是在理性驱使下进行的。但事实并非如此。更确切地说，我们只不过是理性化的人,这就是说,无论我们的行为多么不理性,我们总能使其看起来合情合理。

法国哲学家兼作家阿尔贝·加缪在 44 岁的时候就获得了诺贝尔文学奖,因此他可以算是一个知识渊博、才华横溢的人。加缪宣称,我们一生都在确信我们的人生不是荒谬的。听起来这真令人心情沉重。可我们怎么做才能证明自己的人生不是荒谬的呢?那就是找到不同的方法,证明我们行为的合理性。如果你不确定为什么自己在冷冻食品区选购了鸡肉,你就会在走向收银台的时候设法说服自己——你今天晚上特别想吃鸡肉。

事实上,我们根本不需要特别好的理由,只要能找到某种理由来解释我们的行为就可以了。一个有趣的实验清楚地揭示了这一点,该实验进行了几次,内容略有差别。一位名叫兰格的妇女在复印机前排队的时候请求人们帮她个小忙。她这样请求道:

> 对不起,我要复印 5 页。您不介意让我先用一下复印机吧?因为我有点儿赶时间。

正如你看到的,她在请求人们帮她一个忙,允许她插队。而与此同时,她也给出了为什么别人应当帮她的理由(我有点儿赶时间)。这种做法非常有效:她所询问的人中有 94% 都愿意让她插队。在大家开始对我们的善良、礼貌进行理论分析之前,让我们先比较一下另外一种情况：她提出同样的请求，但却没有说明人们为什么要帮她：

> 对不起，我要复印5页，您不介意让我先用一下复印机吧？

这一次，她所询问的人中只有60%同意让她插队，而她第一次被允许插队的原因也不是她所说的赶时间那个理由。我们把这一情况和她再次提出请求并给出理由的情况进行了对照，但这一次，她说出了一个听起来像个理由，但实际不是理由的理由：

> 对不起，我要复印5页，您不介意让我先用一下复印机吧？因为我需要复印几张资料。

实际上，这种表述方式并没有比那个没给出理由的版本多出什么实质性内容，但是再一次，几乎每个人（93%）都同意了她的请求，尽管这次她没有给出为什么他们应当帮她的真正理由。看起来是"因为"这个词引发了复印机前排队者的某种自动反应。他们满足了她的愿望，即使"因为"后面跟着的信息实际上没有比不提供任何信息更能证明他们的这种顺从是合理的。奇迹就在于"因为"这个词本身。

人们喜欢为做某事找理由。兰格所做的不过是给人们一个理由，以改变他们的行为，从而允许她插队。理由本身并不重要，只要看起来是个理由就足够了。"因为"这个词暗示着"我的请求是有理由的，我即将说出这个理由"，所以人们听到这个词之后就不会再听下去，而是一心想着要遵从这一请求。这个技巧使用起来很方便，应该记住。下一次你想请人为你做某事的时候，不要忘了让你的请求听起来像是个理由。加上"因为"这一个词，就会极大提高别人爽快答应你请求的概率！

认知失调

20世纪50年代，著名心理学家莱昂·费斯汀格意识到我们需要向自己解释我们行动的理由。于是他提出了一个著名理论——"认知失调"。该理论恰巧对我们这里所阐述的内容非常有用。这个理论的主要内容是：我们的大脑就像充满了"认知元素"的图书馆，这些元素是我们对世界的认识（比如这是一个冰激淋），是我们对事物的看法（比如我喜欢冰激淋），以及我们的坚定信念（比如吃很多冰激淋可以让我变苗条）。这些"元素"能影响我们周围的世界，或者我们自己。当其中一个元素和另一个元素发生冲突时，就产生了认知失调。我们关注这种失调，也需要冲突中有一个元素影响我们自己。我们不能忍受内心冲突，它是我们最不喜欢的事物之一。我们不能在觉得矛盾的情况下赞同两个相互冲突的主张,这正是认知失调之所在。每当你必须做出选择时,就可能会处于一种认知失调的境地(失调总是发生在你做出决定之后,而不是之前)。当我们的知识、观点或信条与我们对自己的某种看法发生冲突时,就会引发严重的内心冲突,而我们也会尽一切可能来消除它。一些解决方案也许看起来荒唐,但是正如你从前文的复印机案例中看到的那样,人们显然完全可以像个傻瓜一样思考问题,做起来毫不费劲儿。或许正如英国政治家洛德·莫尔森所说:"我可以寻找任何其他证据来证明我已经形成的观点。"

在20世纪50年代的一个典型实验中,一些大学生被要求执行一项单调乏味的任务。在整整一个小时内,他们必须绕着木桩旋转木轮,这个行为看起来没有任何明显的目的。接下来,他们被要求接替某个无法胜任目前工作的助手的位置。接受助手这个新角色后,他们必须向后来的实验参与者撒谎,说这项任务实际上非常有趣、非常有意义,尽管看起来并非如此。作为他们充当助手(以及撒谎)的补偿,有人得到了1英镑,有人得到了20英镑。最后,他们需要填写一张关于这项任务的表格,通过打分来说明他们从这项任务中得到了多少乐趣。

因为撒谎而得到20英镑补偿的那组学生能够很容易地激励自己撒谎,并明确表示这是因为他们得到了不菲的酬劳,而且也坦言这项任务非常无聊。但是因为撒谎只得到了 1 英镑补偿的那组学生却出现了认知失调。他们得到的补偿显然不足以鼓励他们对自己撒谎,而他们也想不明白为什么自己会同意将一个木轮旋转一个小时说成是件十分有趣的事情。为了解决这种因为内心冲突而导致的认知失调,他们不得不改变自己的观点。在给该任务打分时,他们突然比另一组学生觉得它有趣!

在 20 世纪 50 年代的另一个实验中,一些妇女受邀加入一个入会标准非常严格的群体,专门讨论欲望与性爱。但是这个群体的成员实际上全部由演员组成,这些演员事先都得到了指示,要尽可能地把讨论弄得无聊乏味。这个群体一次只能加入一人,但这些妇女加入的方式有所不同。一些人是受邀入会,毫不费力地加入了这个群体。而另外一些人则必须经历一些困难,甚至是令人尴尬的入会仪式——必须大声读出《查泰莱夫人的情人》等书中对性爱的具体描写(这在 1959 年的美国是一件让人十分尴尬的事情)。最后一组人的入会仪式则相对轻松,只需要大声读出词典里与性爱有关的一些词汇的定义。在用耳机听了群体中某个小组的讨论(她们以为这场讨论是现场进行的,其实是提前录好的)之后,她们必须说出对这个群体的印象。有趣之处在于,不同小组给出的印象描述差别极大:那些没有遭受精神折磨就加入群体的妇女很快就指出这是在浪费她们的时间,她们坦言,这场讨论无聊透顶。但是经过艰难的入会仪式才加入这个群体的妇女则没有那么急于否定这个群体，而是觉得这场讨论非常有趣，也很有价值。她们比那些没经历入会仪式的人更喜欢群体中的其他成员。

怎么会这样呢？答案仍然在于认知失调。进行这次实验的人设法使其中一些妇女的心理失衡——她们付出了极高的代价（令人难堪的入会仪式），结果却发现所得到的（一场乏味的讨论）不值得当初的投入。这些妇女唯一能向自己解释的方法，就是改变她们对所加入群体的看法，让她们觉得那场讨论对她们而言是有价值的。

这是一种机制，通过入会仪式、男人成年仪式、恶搞新生活动和羞辱新兵来加强群体内部的联系，尽管我们认为这样做可能会适得其反。这些仪式和规矩常常强迫加入者承受一些难堪、痛苦的事，而这些经历和群体的真正功能没有关系，也与任何想加入群体的人的愿望无关。从直觉上说，似乎此类经历应该会让未来的成员看不起所加入的组织，改变他们在被迫跳进雪堆之前的看法。但是认知失调理论则解释了为什么事实恰恰相反。当意识到经历了入会仪式而加入的群体实际上相当差劲时，我们就形成了一个"认知元素"，而这个元素与第一个元素不一致，从而引起了认知失调。如果这个群体糟糕透顶，我们就会觉得自己当初不应该经受那么不堪的仪式。入会仪式越是难堪，失调就越严重。既然别人已经看到我们经历了如此令人尴尬的入会仪式，我们就在一定程度上认可了它,这使我们更难重新评估仪式本身。因此,我们只能转变想法,觉得其实是值得这样去做的。换句话说,我们经历的痛苦提高了我们对所加入群体的评价。我们承受得越多,就越喜欢这个群体,就像不得不朗读小说中有关性的描写的那群妇女那样。人们经历的入会仪式越艰难,就越愿意维护群体的优点。这听起来也许十分愚蠢,但我们就是这么做的。如果不费吹灰之力就能加入某个群体,那一旦认识到它没什么意思,我们就可能会退群。倘若果真如此,那"酷人俱乐部"早就解散了。

用一种比较温和的方式来说,这种现象对我个人具有非常积极的效果:再也没有比为我掏钱买票的观众表演能带来更多乐趣的事了。你也许以为他们会是最挑剔的观众,因为他们既花了钱又花了时间来看我表演,因而我必须要吸引他们的注意。但是认知失调理论告诉我们事实恰恰相反:正是因为他们既花了钱又花了时间,所以他们会千方百计地找理由来证明他们这么做是值得的,想让这样的观众失望都很困难。如果你在电视上看到某个喜剧演员的表演其实并不好笑,但现场的观众仍然能笑出眼泪,你就会明白其中的原因:他们当初恐怕是忍痛买的门票。

脑神经专家维兰雅约·拉玛钱德朗在他的一部著作中问自己:与能够看得一清二楚的裸体画相比,为什么我们通常更喜欢有所遮蔽的裸体画,比如隐身在百叶窗后面的裸体画。如你所知,我们喜欢识别和完成模式，同时，似乎更喜欢让识别模式这一任务复杂一点儿，需要我们付出多一点儿的努力，至少在识别图像时是这样的。拉玛钱德朗进一步发展了这一观点，认为当我们需要更努力地解答谜题和辨认模式时——如果我们需要付出更多的努力来看清那个裸体的模特，我们大脑中的视觉皮层就会给我们更多的"回报"（例如，给我们带来一种满足感）。类似的回报系统会使这种努力变成一种愉悦而不是烦恼。从以生存为目标的角度来说这是有道理的，因为我们周围环境中的模式并不总是完全清晰的。

好了，此时我的想象有点儿天马行空了，但是如果拉玛钱德朗的观点对我们可以识别的模式来说是正确的，那么它为什么不适用于所有模式呢？解决认知失调其实就是重建某个混乱不堪的模式。根据拉玛钱德朗的观点：你做的工作越多，越是能够让自己重新感到协调，回报给你的满足感也就越大。如果真是这样，那么就可以再次解释，为什么经历了一次入会仪式之后，人们之间的联系会得到强化，以及为什么被邀请参加性讨论小组的妇女会觉得讨论有趣，尽管它实际上相当乏味。

所有这些都表明，如果引起了你内心的认知失调，那你就希望通过行动消除这种失调。具体做法如下。

- 改变先前的观点或态度（你的内在环境）。例如，既然已经加入了共济会，就会觉得这个组织其实也不错。

- 改变你的外在环境，不让自己面对可能引起认知失调的情况，从而不必找理由证明为什么吃冰激淋对你来说有好处。你可以绕着走，不要靠近卖冰激淋的柜台。
- 改变你的行为，如果这能让你对自己的看法与你的其他想法更协调。如果你认为自己是小虫子的好朋友，而有人指出这样的人绝不会去踩蚂蚁窝，那不再去踩蚂蚁窝就可以解决失调问题。改变自己的行为（踩蚂蚁窝）可以使你与你对自己的看法（自己是小虫子的朋友）更协调。

到目前为止，一切进展还算顺利。但是如果你是从本书开头一直读到此处，而不是随意翻到了这一页，那么此时你也许会心生怀疑：自己是否是在别人的帮助下形成了某种观点和信仰，尽管你觉得是自发形成的。换句话说，如果我想改变你的行为，有两个办法可以做到这一点：一，直接改变你的行为；二，引起你内心的认知失调（例如，提供一个与你的行为相冲突的观点），从而使你改变自己的行为。这两个办法的结果是一样的：你的行为发生了改变。但是其中存在着巨大的差别。如果我要求你改变自己的行为，你也许会改变，也许不会改变。但如果你改变了，那就是为我而改变的，因为是我要求你改变的。但如果你改变自己的行为是为了解决认知失调问题，那这样做就是为了你自己，因为是你想改变的。而这一点极易被人操纵，因而对营销者和宣传家来说具有重要意义。

我们可以设计一个合理的圈套，让你很容易掉进去且出不来，除非你非常小心。这个圈套是这样的：首先，威胁你的自我形象，让你产生某种心理上的失调——例如使你对某件事情（非洲的饥饿儿童）感到内疚，或者唤醒你的某种愧疚感或不满足感（你孩子的所有朋友都有加拿大鹅牌羽绒服），或者让你觉得自己虚伪或者不守信（"既然环境对你如此重要，那你准备放弃哪些危害环境的行为？"）。然后，向你提供一个具体的解决方案，一个消除认知失调的方法——同意去做我们想让你做的事情。能让你减轻内疚感、消除愧疚感，或者信守承诺赢回自尊的方法就是为慈善事业捐款、购买加拿大鹅牌羽绒服、投票支持某个领导人、恪守宗教信仰或者憎恨某个种族等等。

能造成认知失调的非常有效的情感就是恐惧和担心：担心自己不够好，害怕未知事物，害怕和自己不相同的人。通过挑起人们的恐惧心理，我们可以像兜售热卖产品一样兜售恐惧。

恐惧

我们所想的不一定是我们所说的和所做的，而我们自己以为的和最后促成我们采取行动的无意识欲望或恐惧之间的差别则更大。人们可以利用我们的恐惧心理，将其用在更为琐碎和普通的事情上，而不仅仅是让我们害怕某些群体或者购买防毒面具以防遇上恐怖袭击。事实上，生活中的大部分事情都可以让我们感到恐惧、不安或紧张。倘若我们还没有这种感觉，那某个精心设计的活动也肯定会让我们产生这种感觉。

下面就是关于利用人们恐惧心理的例子：常识使我们相信刷牙就是为了口腔卫生，为了防止蛀牙或清洁牙齿（或者至少让牙齿看起来干干净净！）。因此，我们也相信这是牙膏制造商试图借助铺天盖地的广告向我们灌输的信息。然而，细想之下就会发现大多数人一天只刷一次牙，而且选择在最糟糕的时间刷牙——早上刚起床时。我们刷牙的目的并不是想要防止蛀牙，只是想以清新的口气开启新的一天。与牙齿未来的命运相比，我们大部分人更担心的是睡了一晚之后嘴里的气味带来的社交后果。这正是为什么牙膏广告都在刻意强调"清新口气"或"亮白牙齿"的功效，而忽视牙膏去除牙菌斑效果的原因。

下面这些情况可以最有效地利用你的恐惧心理。

（1）完全吓倒你。

（2）向你提供一个有用的建议，以避开你所担心的威胁。

（3）让你觉得这个建议非常有效。

（4）让你觉得自己能够采取他人所建议的行动。

首先，我会尽力煽风点火，让你关注自己所害怕的事物。一旦你被吓到，除了想要消除恐惧，很难再去想其他任何事情。于是，接下来我会告诉你如何消除恐惧，给你一个简单的解决方法，你会按我说的去做，结果发现这个办法确实管用，因而对我心怀感激。貌似巧合的是，这个解决方法正好是我一直想让你做的事情。这就是阿道夫·希特勒曾经采用过的方法。他先是渲染了一种威胁国民安全的日益增强的势力（犹太人），让人们相信，如果放任自流，这股势力就会毁掉民族精神。真是令人毛骨悚然！而他提出的解决问题和消除民众与日俱增的恐惧的具体办法就是支持纳粹党。这件事做起来很容易：只要在大选之日投票给合适的候选人就可以了。

最后一个步骤非常重要。如果我想吓得你立刻采取某种行动，仅仅告诉你该做什么是不够的，还要确保你要做的事情很容易，并且最重要的是，我要让你知道如何去做。每年夏末，瑞典的市议会和国家传染病控制中心就会合作开展一场宣传活动。这场活动旨在鼓励人们去体检，做衣原体筛查。衣原体是一种可以"潜伏"很长时间的微生物，病人可能根本不知道自己感染了衣原体。这就意味着病人可能在不知情的情况下将性病传播给其他人。在关于这种衣原体的宣传活动中，我前面介绍的所有步骤都被用来操纵受众的恐惧。

第一步,用一张略显下流但还算有趣的海报吸引你的注意,用警告的语气对你说:"没有衣原体感觉更好。"接下来,他们开始吓唬那些懵懵懂懂的上班族,指出他、她,甚至是你,可能还不知道自己的身体中潜藏着衣原体。你看不见它,感觉不到它,但一旦发现它就为时已晚。此时此刻,你可能已经被吓傻了。我敢打赌,此时这张海报已经完全吸引了你的注意。

下一步就是解释要解决这个问题有多么容易:只要做一次体检就可以了,其他的都可以交给他们来处理。谢天谢地!这就是所有的4个步骤——差不多就是这样。

他们在宣传中忽略的一步就是体检信息。最好的办法是在海报上留下电话号码或者地址,但是由于这些信息在各个城市都不相同,所以他们鼓励你上指定的网站去查询准确信息。说实话,这不够完美,因为你不仅要被吓得去体检,而且还必须坐下来在网上查询体检信息,这就使你达到第四步的难度有所增加。为了弥补这一缺陷,市议会下令设置一年一次的"衣原体星期一"。在这一天,你可以不用预约就前去检查身体。虽然这只不过是一个简单的日期安排,但它使解决问题的办法变得更清晰,使人们在心理上更容易接受,所以效果明显。最近,在"衣原体星期一"这天去做检查的人中,有超过20%的人声称如果没有"衣原体星期一",他们是不会去做检查的。至少,斯德哥尔摩市议会是这么对外宣称的。

还有一个例子也利用了你的恐惧心理，并提供了解决办法，这就是 Denivit 美白牙膏的广告。这个广告展现的完全是社交恐惧，广告中到处都是捂着嘴的人，他们害怕别人看到他们的牙齿，直到他们开始使用 Denivit 美白牙膏。因此，可以利用人们的恐惧心理招募成员，就像瑞典民族主义政党所做的那样。恐惧也可以帮助你推销定型胸罩或者拳击短裤。在我们急匆匆地购买某种产品来弥补自己的样貌缺陷之前，或者在匆忙加入某个民族主义团体之前，也许应当问一下自己：我们的恐惧究竟值不值得？你真的应当感到害怕吗？有没有人因为你的这种感觉而受益，其实他们就是想让你感到害怕？对不对？

正如你知道的，几乎每件事看起来都是可以接受的，如果它能让你感到不那么难受、害怕或者恐惧。但还有一种更有效的情感可以被用来设置合理化陷阱：内疚感。

内疚感

假如你受邀参加一项关于反应时间的研究，而你的工作就是听别人读出来的字母，然后把这些字母输入电脑。在开始之前，研究助手告诉你："不要触碰键盘上的 Alt 键，因为那会导致软件崩溃，从而失去所有数据。"在测试进行了一分钟左右时，你突然吓呆了，因为软件已经瘫痪，好像死机了。研究助手一脸严肃，斥责你误按了 Alt 键，因为事先已经警告过你不要这么做。你知道自己没有按那个键，并如实告诉了她。研究人员按了几下键盘，确定所有的数据都丢失了，然后再一次问你"你是不是按了 Alt 键"？接下来，你被要求手写一份坦白书，声明"我按了 Alt 键，导致软件受损，所有的数据丢失"。之后你被告知，实验负责人会跟你电话联络。你会签字承认自己按了 Alt 键吗？即使你知道自己没有按过？

不会？

该实验曾经以大学生为实验对象，目的是确认是否能通过激发人们的内疚感让他们承认自己没有做过的事情（实际上，那个软件被设计成运行一分钟后就自动损坏）。实验者们拿到了签名的坦白书，白纸黑字，千真万确！并且签名者的数量不是实验对象的 3%、5% 或者 10%，实验对象中竟然有 69% 的人都在坦白书上签了字！不仅如此，28% 的人还告诉其他学生他们错按了 Alt 键从而毁了实验。换句话说，他们真的相信自己"有过失"，其中一些人甚至还能详细地说出自己犯错的经过。

尽管他们最初知道自己是无辜的。

13 岁的伊丽莎白·布林顿告诉我们她是如何设法向女童子

军卖出 11 200 盒饼干的：

> 你必须直视人们的眼睛，让她们产生内疚感。

内疚感，无论内疚的理由是否成立，都会使我们变得非常顺从。它不仅能使我们从通晓世故的 13 岁女孩那里买下饼干，甚至还能使我们承认自己从来没有犯过的罪行。在上述实验中，实验者们意识到对实验对象承认错误有重要影响的一个因素就是栽赃嫁祸。在这个实验中，他们声称大声朗读字母的实验参与者看见学生按了 Alt 键。

这种伎俩不仅被应用于心理实验，还被应用在其他领域。例如，声称掌握了其实并不存在的证据，从而让受审的犯罪嫌疑人认罪伏法，这是全世界警察惯用的一种手段。乍一看，这似乎是个让人坦白罪行的好办法，或者至少会让他们思考自己的问题。但是这个办法并不像它看起来那么无害。正如你刚刚看到的那样——内疚感，即使是由虚假证据引起的，也能促使你屈从并承认过失。这一点无论是在警察审讯和 Alt 键的实验中都是一样的。

其实，只要问一问美国奥克兰州的布拉德·佩奇你就清楚了。1984 年，佩奇和女友比比在公园里散步，女友突然不见了。他同一个朋友在寻找了 45 分钟之后放弃了，他们猜想比比可能已经坐公交车回家了。（当时佩奇和比比闹了一点儿小矛盾。）5 周之后，比比的尸体被发现，警方认定佩奇是犯罪嫌疑人，尽管有人亲眼看见比比被一个符合被通缉的连环杀手特征的男人拖进了货车。佩奇否认了对他的指控，但警方并没有罢手，而是持续地审讯他，向他施加压力，问他怎么会蠢到把女朋友独自一人撇下留在公园里。想到女友已经被谋杀，佩奇的内心充满了内疚感，他甚至愿意做任何事情来消除这种内疚感。

接下来，警察开始使用假证据这一惯用伎俩，宣称已经在凶器（他们其实根本没有找到凶器）上发现了他的指纹。至此，佩奇完全相信了警方的说辞，毕竟他没有理由怀疑警方。最后，警察告诉他，如果他闭上眼睛想象自己谋杀比比的场景，可能有助于减轻他的内疚感。佩奇听从了他们的话，想象出了一个这样的场景，而警方却将其认定为真实的认罪招供。当然，这让佩奇感到十分气愤，于是立即否认了之前的说法，但是警方仍然将其视作招供证据。审判期间，陪审团也不知道如何理解这样的行为。最后，尽管媒体和律师们都在努力推动案件重审，但是布拉德·佩奇还是被送进了监狱，需要终身服刑。

没人能证明佩奇没有杀比比。但是，正如安东尼·普拉特坎尼斯所指出的：布拉德·佩奇的坦白，也就是导致他以谋杀罪被判刑入狱的坦白，并不是有效的坦白，而是他在绝望中企图解决内心矛盾（认知失调）的结果。这完全是被奥克兰警方审讯人员操纵的结果。佩奇当时唯一的出路就是屈从投降，就像假装自己真的按了 Alt 键的学生一样，而这正是宣判他有罪所需要的一切。

　　由于我们大部分人或多或少都会对一些事物感到内疚，所以内疚感就成为一种非常有用的情感，可以加以利用。很多时候，我们并不知道自己为什么觉得内疚，因为使我们产生内疚感的真正原因通常处于我们的意识之外。这就意味着，通过巧妙的操纵，内疚感可以帮助你达到任何目的。

　　一个典型例子就是与性有关的禁忌。从幼年时开始，甚至在知道性的概念之前，我们就被教育要有性方面的内疚感。这还得感谢我们周围的人，尤其是我们的父母。他们不假思索地把别人教给他们的内疚感以同样的方式传递给我们，比如对我们说："不要做那个！""穿上短裤！""如果你要做那个，你就必须回你的房间里去！""不要对他做那个！"……对一个 3 岁大的孩子来说，不同的身体部位并没有多大区别。触碰自己或别人的私处，大多数情况下只不过是为了好玩儿，直到爸爸或妈妈气急败坏、红着脸告诉你再也不许这么做。需要经过几年，孩子们才开始懂得一些身体部位具有特定的象征意义，但此时他们已经知道身体的某个具体部位是有问题的，甚至是令人羞愧或不好的。这种罪恶感在我们心里根深蒂固，成为一种十分有效的工具，可以用来影响成年人，也可以用来影射性无能、罪恶的肉欲，或者对同性恋的厌恶。由于这种罪恶感根深蒂固，所以你不一定总能发现它。

你所注意到的只是某种使你感到有些不太舒服的情况，这种感觉可有可无，而这正是我希望你达到的状态。

现代社会不断对我们提出更高的要求。如果我在星期天晚上给朋友打电话问他们正在做什么，一些人会告诉我他们正在查看电子邮件，这样星期一早上上班时就不会有太多邮件等着回复了。与此同时，人们还希望我们组建家庭，或者至少要生孩子，否则人类就会灭绝，而浏览电子邮件与这些事情没有丝毫关系。结果就产生了一批充满内疚感、备受压力折磨的父母，他们担心自己不能同时兼顾他们的工作、朋友，尤其是他们的孩子。

食物常常导致父母对孩子产生内疚感。我们无法像我们的父母当年那样花大量的时间烹调食物，我们都在食用即食食品。这会让人们产生一种愧疚感，担心孩子们没有得到足够的营养。正因如此，很多食品包装的设计都遵循营销心理学家斯坦·格罗斯制定的规则：如果你在产品包装上展示出色彩鲜艳的食物图片，使食物看起来像是自家烹饪出来的一样，并配上大量的蔬菜，那么你至少就传达出这样一种信息：该产品是有营养的。此外，我们也总能看到有机婴儿食品。最畅销的食品总是那种能让我们减少内疚感的食品。

当然，除了没有当好父母这一点，还有其他一些愧疚感可供我们利用。大部分人都觉得孤独和空虚，并非只有你自己会有这种感觉。在谈及自己人生中的"高光时刻"时，我们很多人都觉得乏善可陈。使用肤浅的手段（比如冷冻食品、口香糖和强力清洁剂）来压制这些严重的焦虑和需求显然不会让人满意。人生向我们提供的远不止这些。斯坦·格罗斯指出，人们的内心深处很清楚他们所购买的东西并不能满足他们最迫切的需求和梦想。

"买东西是一种调节方式"，他在一次访谈中说道："我们都这么做。一些人会出门买糖果，这比吸食毒品好多了。"

虽然言辞尖刻了些，但却道出了事实。我们周围的事物为我们提供了某种补偿，弥补了我们感到的自身不足。即使我们知道自己所买的只不过是我们想得到的某个东西的空洞象征，但我们仍然会追逐这些空洞的梦想，因为如果没有这些梦想，人生就会变得过于黯淡空虚。

为什么内疚感如此有效，可以被用来影响你的行为呢？格罗斯提出了3种可能的解释。

（1）同情，我们同情那些可能被我们伤害的人。
（2）补偿，我们想弥补自己错误行为的诉求。
（3）总体的内疚感，我们希望修复由于自己的某种出格行为而受损的自我形象。

在上述涉及父母的例子中，食品包装就利用了父母想要对孩子进行补偿的心理，属于上述第二个原因。第三个原因也非常有趣，因为它意味着我们准备不遗余力地修复自我形象。如果这个原因足以促使我们采取某种行动，那么作为操纵别人内疚感的人，我就无须知道你对谁感到内疚，或者你为什么感到内疚。唯一重要的事情就是让你觉得内疚，然后推动你的行为朝我想要的方向发展。这个理论看起来准确地描述了我们的操控方式——只要我能够让你觉得内疚，你就会照我的要求去做，因为这会使你觉得自己在"做一些补偿"，而我的要求并不一定和你感觉内疚的原因有关。即便使你感到内疚的原因是你弄坏了我的电脑，你也可能会乐于应我的要求帮助我整理房间，尤其是我让你想起被弄坏的电脑或者其他什么东西的时候，因为内疚和焦虑是我们一直在体验的情感。

现在，千万不要错误地认为让某人减轻内疚感（通过购买你想让他们购买的东西、参加慈善组织或者请求上帝的宽恕）就等于原谅了这个人。如果我想继续按动你的精神按钮，想要继续影响你，那我最好不要表现得好像已经完全原谅你了。这听起来也许有点儿奇怪。如果你做出了补偿（例如帮我整理房间），那么那样做是因为你希望得到原谅，对不对？我们难道不是在做错事的时候希望得到原谅吗？实际上，并非完全如此。

在心理学家布拉德·凯伦和约翰·埃拉德进行的一个实验中，他们诱导学生们相信是自己损坏了研究人员的工作设备。正如人们所预测的那样，相信自己弄坏了设备的学生更愿意在其他场合中帮助研究人员。但是其中一部分学生被告知弄坏设备没有关系："别担心，没关系。"从根本上说，他们得到了原谅。在原谅别人的时候，我们通常会说："这事儿就过去了。"那么不论是谁，都会因此摆脱内疚感，而原谅我们的一方就成了我们的朋友。

这种想法不错，但是凯伦和埃拉德发现事实并非如此。

相反，给予对方原谅就像是双重打击：首先，学生们因为弄坏了设备而感到内疚，接着，在没有得到任何机会进行弥补之前他们马上就被原谅了。于是，他们要展示自己是个好人的唯一办法就是答应研究人员的请求，并提供更多的帮助。但由于他们已经被原谅了，这个要求就不是他们先前错误的直接结果。因此，他们必须更加努力地做好事情，以减轻他们的内疚感。这样一来，在执行新任务时，被原谅的那些学生要比其他学生更加努力，但他们对原谅他们的研究人员却不那么喜欢！显然，我们不喜欢我们感到对不起的人。学生们被原谅时，他们的内疚感丝毫没有减轻。当我们原谅别人时，我们难道不是以为自己的做法很稳妥吗？但实际上，他们被剥夺了弥补自己错误的机会。因此，即使我想让你一直为我跑腿儿办事，想让你对我好一点儿，我也不会犯和天主教会同样的错误：在听到你的忏悔罪行之后就赦免你。相反，我一定会让你为各种事情感到内疚，然后逐渐让你通过做我要求你做的事情来消除内疚感。我可是有一大堆的事情等着让人做呢！

正如你可能已经明白了的，内疚感引起的认知失调需要加以解决，而除了我在前文提到的3种解释，实际上还有一种方法能够消除内疚感——攻击那个让我们感到内疚的人。如果我们对某人采取了不当行为，我们可以通过指责那个人来证明自己的行为是合理的："她真的是活该！你看她吝啬又愚蠢，还长着一头红发，我们这样对她是她罪有应得。"这种态度的改变可以使我们合理化自己的行为，通过把受到我们伤害的人变成替罪羊来鼓励我们自己的行为。聪明的操纵者会确保在实现自己目标的过程中一直发生这种事情，无论这个目标是什么。

如果我能够让一群人粗暴地对待另一群人（让他们公开承认这些行为，或者把他们的行为记录下来，这样事后他们就无法否认），那我也能够轻而易举地让那群人认为过错在另一群人身上，因为这会让事情变得更加容易：另一群人活该如此，因为他们是犹太人，因为他们是保守派，因为他们支持对方团队，等等。

我越是擅长鼓动自己的群体，就越能把他们引入我的圈套，而他们越是着急解决自己的认知失调，就越是会相信另一群人是多么可恶的人渣。狂热主义者的伎俩也不过如此。我的意思是说，那些恐怖分子是如何被说服开着飞机去撞摩天大楼的呢？他们被愚弄了吗？不，人们同意做那种事情的唯一可能的原因就是觉得受到攻击的受害者罪有应得，对不对？

永不分离：做出承诺时发生了什么？

> 让他们公开承认这些行为，或者把他们的行为记录下来，这样事后他们就无法否认了。
>
> ——亨瑞克·费克塞斯

上面的引言来自前一部分的结尾处，但我们的确应当在承诺这个概念上多花一些精力，而不是蜻蜓点水一掠而过。事实上，这一概念非常重要，足以独立成章。如果你对某件事情做出承诺——也就是说，为自己的信念辩护，或者向他人表达你自己的观点——那你一定要努力做到始终如一，无论会出现怎样无意识的、不合理的行为。你一旦承诺支持某种观点，就要表现出一种自然而然的倾向，行动要坚决符合那一观点。下面，我首先要决定我希望你承诺支持哪种观点。如果我能让你采纳与你自身有关的观点，那你的行为也应当符合这一观点。

瑞典的癌症慈善机构每年给人们打电话推销圣诞贺卡时，如果在对话开始时首先询问对方"你过得怎么样"，那卖出贺卡的数量可能会更多一些。至少，研究消费者行为习惯的丹尼尔·霍华德是这样认为的。他认为，如果电话推销员能让你回答"我很好，谢谢"（就像你通常对这个问题的回答那样），那你就公开地承认了一点：你过得还不错。这使得推销员能够更容易向你提出要求：你应当帮助那些过得不如你好的人们。"听到你过得不错真是让人高兴，因为每年都有很多人死于癌症……"此时此刻，由于你刚刚说了自己过得挺好，因而不想显得过于抠门儿。一句简单的"我很好，谢谢"就能让我们买下我们本来不会买的东西，或者同意我们本来不会同意的事，这看起来似乎有点儿夸张，但霍华德检验了自己的理论，证明该理论是正确的。

他让助手们给随机挑选出来的人打电话，问他们是否可以派推销员上门推销饼干，所获得的收入将捐赠给救助饥荒的慈善组织。在所有的电话对话中，以"你今晚过得好吗"开头的电话，同意推销员上门推销的人数几乎是以其他方式得到同意人数的两倍（32%：18%）。霍华德还试着用"希望你今晚过得好"来开头，但效果一般。看来，其中的关键在于让你先表达一种观点，然后对其做出承诺。

当推销员出现在那些同意接受拜访的人们门前时，几乎所有人都多少买了一些饼干。为什么会这样呢？因为到那时，同意接受拜访的人通过这段时间的沉淀，已经接受了他们的新形象：自己是支持慈善事业的那类人，否则不可能违心地（引起认知失调的一个原因）邀请推销员上门。既然认为自己是支持慈善事业的人，那如果连买饼干之类的事情都不去做的话显然有点儿说不过去。大家是否觉得这听起来很奇怪？别着急，后面还有更奇怪的。

20世纪60年代，乔纳森·弗雷德曼和斯科特·弗拉泽做了一个著名的实验。他们在加利福尼亚州的几个住宅区走访，询问当地人是否可以在他们的花园里竖起一个巨大的、十分不美观的告示牌。他们向房主们展示了这个告示牌的照片（上面写着"谨慎驾驶"），这个巨型告示牌显然会遮住他们的整间屋子。几乎所有的房主都拒绝了他们，这也是情理之中的事。

只有一个住宅区例外，那里 76% 的房主都同意在院子里竖起这个告示牌。怎么可能呢？竟然有 76% 的人同意了一个明显不合理且在其他住宅区几乎没人同意的要求？

究竟发生了什么呢？

这和该住宅区的很多房子没有窗户或者大部分居民都是外国人无关，而完全是由于弗雷德曼和弗拉泽做了一些特殊的准备工作。在实验开始前的两个星期，他们单独派了一个人去那个住宅区询问房主是否愿意在他们的窗户或者信箱上竖一个小牌子（这个牌子的大小是 3×3 英寸，上面写着"安全驾驶"）。这个请求微不足道，几乎每个人都同意了，但其影响却相当大。同意在自己家竖起那个小牌子，就等于告诉他们自己以及周围的邻居，他们是关心交通安全的人。这个不起眼的行为足以让他们同意两周后的另外一个请求，尽管这个新请求非常荒唐，因为要竖起的告示牌太大了。

弗雷德曼和弗拉泽重复进行了他们的实验，不过这一次有一个重要的区别。在这次实验中，他们先是要求居民们在"让加利福尼亚更美丽"的请愿书上签名。当然，每个人都签了名，尽管极少数人对"美丽"持强烈反对的态度。两周之后，还是这些居民，他们被要求在自家院子里竖起那个巨大的告示牌。与第一次实验不同的是，这次的准备工作和告示牌在表面上没有任何联系。请愿书和告示牌涉及的是两件完全不同的事情。同意签名的人们并没有就交通安全做出任何承诺，只是同意在请愿书上签名。尽管如此，几乎有一半的人都同意在自家院子里竖起告示牌——这个一般人通常不愿竖起的告示牌！对弗雷德曼和弗拉泽来说，唯一可能的解释就是在请愿书上签名的行为在某种程度上改变了人们对自己的认知。签名之后，他们觉得自己是积极参与社会建设的人，是恪守信仰的人，否则他们就不会签名了，不是吗？当几周后他们被要求在院子里竖起安全驾驶的告示牌时，他们同意了，因为这十分符合他们积极参与社会建设的全新自我形象。

这意味着，如果我想让你承诺某件事，以便之后利用这一承诺，我甚至不需要做得特别有针对性，不需要让你承诺某个具体的事情，比如让你赞同安全驾驶的重要。只要让你承认自己是那种容易答应别人请求的人，或者是根据自己的信条或者其他类似情况采取行动的人，就足够了。通过使你同意某件不起眼的小事，我就可以让你在更大范围内重复去做同样的事情（同意竖起更大的告示牌），也可以让你做很多与第一件事几乎无关的其他事情，只要这些事符合你对自我形象的新认知。如果你在一份要求管控城市尾气排放的请愿书上签了字，那你就会更愿意把零钱投进国际特赦组织的捐款箱里。

你做的这一切都是自愿的。如果像弗雷德曼和弗拉泽所做的那样，我已经设法使你相信你是一个积极参与社会活动的公民，你就会同意去做任何事——只要你认为社会活动的积极分子也会做这些事。由于你的内心感到了压力，想要保持行动一致，因此你对事物的认识也会变得不一样。你会更愿意接受体现社会价值的观点，会竭尽所能让自己相信你的新观点是正确的。只要我一开始就设法让你树立一种新的自我形象，那我根本不需要再担心如何来维持它。因为一旦你做出了承诺，你就会维持自己的这个承诺，以避免产生任何认知失调。

即使你建立新的自我形象的初始原因已不复存在——例如，你发现签名的请愿书是假的。但你为自己的行为所找到的新理由也足以让你继续以这种新方式认识自我，并且足以让你坚持自己的这种新认识。比如，我有一台崭新的电视机，尽管市场售价非常贵，但我仍然会以划算的价格卖给你。我们需要履行的手续包括：填一些保险单、在信用记录上签名（所有这些都是让你在心理上认识到这就是你想要的电视机）等等。然而，就在最终付款之前，我意识到我把价格算错了，无法按先前答应的价格卖给你，但仍然比别人给出的价格便宜，而且这是你自己想要的电视机，不是吗？这个技巧使用起来就是这么简单。但是，你也别感到不高兴，我会额外赠送 10 张可重写的光盘。

飞反效应

有个聪明的办法可以让你确认自己已经承诺过的观点，那就是运用飞反效应来"攻击"新的自我形象。这听起来也许有点儿奇怪，但事实上，当别人质疑我们时，我们从来就不像表面上那样对自己有着坚定清醒的认识，尤其是在我们一开始就不够自信的时候。

飞反效应在下面这个例子中得到了验证：一群"开放的"妇女被要求向当地学生发放避孕用品宣传单。第二天，这些发放传单的妇女有一半在自己的信箱中也收到了有关避孕用品的传单，这显然是对她们在学校传播避孕信息行为的一种猛烈反击。几天后，有个人走访了参与实验的所有妇女，此人声称她是为这次避孕宣传活动工作的，问这些妇女她们是否愿意做更多的志愿者工作，那些在信箱里收到充满敌意的传单的妇女明显比其他妇女更愿意提供帮助。

飞反效应可以引起非常有趣的结果，它也许能解释人们的观点为什么会变得越来越极端。已经认可某个观点的人可能会在这个观点受到攻击时被推向极端，他会努力证明自己的行为是正确的，而且从心理上说，他不能接受抛弃自己观点、赞同对方观点的做法。这还能促使他去寻找其他持有更极端观点的人，从而为自己的极端行为寻求支持。

因此，我可以通过下面的4个步骤把你变成一个极端分子。首先，让你赞同某件事，这件事可能微不足道，但我会让它显得很正式，比如让你签上自己的大名，或者在衬衣、外套上别上一个小徽章。接下来，我一定会向你提供一些理由，让你坚持这一观点，直到我发现它能自我维持为止。现在，要想改变这个观点就变得非常困难了，因为它已经变成了你自我认知的一部分。第三步，当我确信你的态度足够坚决的时候，我就开始攻击你的观点，促使你为自己辩护。由于你不会选择突然改变自己的观点，因而你就会像我希望的那样变得更为极端（"如果你真的像我们一样，那就表现出来"）。最后，你会希望和那些想法更极端的人待在一起，他们会影响你，最终你自己也会变成一个极端分子。事实上，想要引发飞反效应，甚至不一定需要进行攻击。只要让你相信你的观点会受到攻击，促使你维护和强化自己的观点，这就足够了。

这是宗教领袖用来控制信徒的惯用手法，他们警告宗教成员在本教以外存在着危险人物，这些危险人物会考验教徒的信仰。通过这个方法，宗教领袖能够强化教徒的决心，使他们无论受到怎样的攻击都会坚持信仰。之后，宗教领袖会攻击自己的信徒，指责他们失去了信仰，要求他们证明自己，比如采取更为极端的行为，给教派捐钱，或者拒绝质疑宗教领袖。如果不这样做，他们就会被抛弃，坠入外面的邪恶世界。邪教"天堂之门"的信徒之所以在 1997 年集体自杀，并不是因为精神错乱，而是因为他们没有别的选择来证明自己。

不惜一切代价一味恪守某种自我形象或者观点，可能会发展成一种恶性循环，这种形象或观点会不断强化，并导致人们采取让事态恶化的行为。一旦你在小范围内做出了承诺，那就为一连串大范围的承诺搭建了舞台，这些承诺提出的要求更多。由于你需要证明自己最初的行为是合理的，因此你就得改变自己的态度和观点："我应该在上面签名，因为我就是这么想的。"这种改变会影响你未来的选择和行为，其结果可能是不可理喻的，如拒绝放弃一个愚蠢的商业计划、一次冲动购物，或者发动一场没有现实战略目标的战争。

改变自己的（还是他人的）想法：为什么自我说服的效果最好？

当我试图向你传递一个新观点时，如果我能影响你，让你自己相信这一观点是正确的，那就最好不过了。如果你自己意识到你真的喜欢意式馄饨（或者奥巴马），而不是非得听我唠叨，那就更好了。你每参与、重复一次行动，都是在确认或再次确信自己对某种观点的信念，因为如果你觉得你是在重复自己并不赞同的行为，那么每一次重复都会带给你更多的伤害。因此，大家可以想一下，我们是否经常被要求做出承诺并重复某种行为？也许这种情况比你想象得更多。将对某件事情的承诺白纸黑字地写下来是一种说服自己的有效方式。写下之后，事情对你而言会变得更加真实。

如果我试图让你相信我的产品令人满意（比方说该产品是馄饨），还有什么办法能比让你写下自己为什么如此喜欢它更好呢？尤其是一遍又一遍地反复写？此时我想到了一些广告语创意比赛。这些比赛的核心内容当然是让你写出一句朗朗上口、极富感染力和吸引力的广告语。但不论写什么，你都应当写出这个产品的优点（这当然暗示着这个产品确实很好）。广告语竞赛常常还包含一个你可能已经熟悉了的窍门。为了鼓励你参加比赛，他们会请你将已经写了一半的广告语补充完整。这一直是个不错的想法，因为我们都有完成所有不完整模式的心理需求，所以你很难不去完成那个句子。尽管你可能从不参加此类比赛，但却发现自己竟然在不知不觉中拿起笔来在一个麦片盒上写了起来，或者至少在喃喃自语，试着补充这句未写完的广告语。

正是对完整模式的渴望让你落入彀中，但是现在你顾不得这些，因为你正忙着想出好注意，解释到底是什么让这盒麦片比其他麦片更好。从纯粹的心理学角度来说，我越是能让你反复思考为什么我的馄饨是世界上最好的食品，馄饨就越有可能成为你选作总统的对象——哈哈，对不起，我的意思是选作午餐的对象。

你会得出自己的观点,并说服自己午餐就吃馄饨了!

但总体来说,表达我们真实感受和想法的是我们的行为,而不是语言。想要弄清楚某个政客的真正意图,一个经典建议就是:"不要看他的嘴唇,要看他的双手。"这就是说,不要太在意他说了什么,而要注意他做了什么。当我们想了解某个人的为人时,应当观察他的行为。

我们经常运用后向思维的方式,用行为证明自己是什么样的人。我们一般都是无意中这样做的,而且不仅针对外在行为,还会进行某种内省,看看我们的内心在想些什么,从而对自己形成新的认识。比方说,在感到关节痛和头痛时,可以得出结论——自己生病了。但这个过程并不总是有意识的,正如我们通过注意身体反应得出自己生病的结论一样,我们也会以同样的方式相信自己坠入了爱河。

例如一个漂亮女人在公园里走近一群男人,介绍自己正在做一项调查,请他们填写一张表格。在聊天过程中,她同这些男人略微寒暄了一番,并在谈话结束后留下了自己的电话号码,以便他们再次跟她联系。通过观察有多少人打电话约她,就可以看出有多少人对她有意思。但她并不是随便跟哪些男人都这样聊天,而是选择了公园中的两处不同地点。其中一个地点是横跨峡谷的一座有点摇晃、扶栏很低的吊桥,另一个地点是吊桥附近安全地带的长椅。奇怪的是,与长椅上的男人相比,吊桥上的男人给她打电话的更多一些。这两个地方只有几步之遥，女人也是同一个女人，她说的话也几乎完全相同。那为什么会产生不同的结果呢？

答案在于男人们的感觉。当她把电话号码给吊桥上的男人时，他们的脉搏加速、心跳很快，有点儿喘不过气来，但这不是因为她，而是因为在吊桥上走路走得心惊胆战。这个实验试图证明这样一个理论：男人们实际上无法确认是什么让他们产生了生理兴奋。有人认为，也许他们意识到自己的症状是站在摇摇欲坠的破旧吊桥上导致的，但是他们也可能错误地把自己的兴奋归因于那个漂亮女人。换句话说就是："哇，我就像一只狗一样喘不过气来，我猜这是因为我觉得她太迷人了。"

站在吊桥上的男人中有65%都给她打了电话，但是在长椅上休息的男人中则只有30%联系过她。这是因为他们没有意识到自己的自主神经系统发生了变化，所以很多人会体会到了他们在其他场合体会不到的那种被某人吸引的强烈感受。你也是如此。为什么你会觉得游乐场是非常受欢迎的约会场所呢？我想我猜得没错。如果想增加让某个人不可救药地对你坠入爱河的机率，那就在坐过山车时向对方发起爱情攻势。或者，如果这看起来不大现实，那你们至少一起先绕着街区跑一圈，并且你一定要穿着红色的衣服（你没忘了先前学到过的技巧吧？）。

自我说服，即说服自己，可以通过集体讨论达成，也可以通过让某个人扮演反对方来达成（这是改变某人观点的一个有效的技巧，因为它能促使参与者拿出有力的证据，捍卫他通常不赞同的观点），或者通过让人们想象他们采取某个行动的过程来达成，就像当年警方让布拉德·佩奇做的那样。这是说服力和影响力的弹药库中最强大的武器之一。一系列研究表明，仅仅是请你思考一下自己如何能向他人准确传递具有说服力的信息，就可以让你的观点发生变化，而且这个变化可以持续大约 20 个星期。

让你说服自己的方法包括很多可以成功影响他人的因素，其力量来自微妙的社会线索，这些线索主要是要求你尽可能地想出某个事物的积极方面，准备好反驳一切可能反对你的观点，而从中得出的信息则来自你认为信得过、可靠的、尊敬的、可爱的一方：你自己。

这个过程非常容易开启。你只需前往一处汽车经销店，他们就会告诉你这一过程是如何进行的："在你看这台汽车的时候能帮我一个忙吗？这台汽车卖得非常好，我的老板要我找出顾客如此喜欢它的原因。你觉得我该怎样跟他说呢？"此时，你等于是被要求向你自己推销这台车。如果你仔细看看神奇的广告世界，就会发现这种事情无时无刻不在发生。如我之前提到过的广告语比赛的例子，还有一些例子则是照片和影片，展现的是跟你非常相似的某个人在用某种产品解决问题。比如在瑞典进行的一次持续时间很长的宣传活动，电信网络运营商泰丽雅在每个广告中展示的都是同一个家庭。"嗯,这对他们有用,他们和我一样。哦,他们比我还笨。我觉得我可以做到的。"大家明白了吧?

因此,如果你花了一些时间思考怎样说服别人相信这种馄饨美味可口,那么当你发现自己在接下来的几个星期中吃了好几次这种馄饨时就不要感到吃惊了。因为它真的美味可口,难道你不是这样认为的吗?

真正精明的汽车经销商会在其心理销售策略上添加一个额外的细节:在介绍完这款汽车卖得有多好之后,他们会告诉你该车已经没货了,现在订货恐怕得等三个月才能从工厂提车,因为现有的已经全卖光了。事实上,你正在看的这辆车是他们的最后一辆。通过这种做法,借助可得性法则,他可能立刻就能跟你达成这笔交易。

抱歉,我们刚刚售罄:可得性法则

> 心想事成。
> ——加拿大著名歌手布莱恩·亚当斯的同名专辑

你正在街上闲逛的时候,突然,一个女人走到你面前,请你参加一个简单的小测试。她想请你试吃一种新的巧克力,并给它的各种特点打分。你从递给你的巧克力罐子里面抓起一根巧克力棒。装巧克力的罐子是玻璃做的，所以你能看到里面有很多巧克力棒，大约 10 个左右。在品尝了巧克力之后，你填写了一张打分表，回答了很多问题，都是关于你对这种巧克力的感受。填完之后你就离开了。

当天晚上，你把这件事告诉了自己的一个朋友，结果发现你的朋友当天也参加了同样的测试。于是，你们互相询问是否喜欢那种巧克力。你发现朋友打的分数比你高很多，他比你更想再吃到那种巧克力，也更愿意花钱购买，并且他对这种巧克力的估价比你的估价要高。你们两人平时的口味非常相似，因此这样的结果让你十分困惑。你觉得或许是你们参加测试的情况有所不同，但却想不出来是哪里不同，直到你的朋友提到那个装巧克力棒的罐子。没错，原因就在它身上。你参加测试时罐子里有多少巧克力棒？你想了想，大概有十几个，而你的朋友却十分肯定，他那个罐子里只剩下一个巧克力棒了。但那不可能是他比你更喜欢那种巧克力棒的原因，对不对？

可得性法则与其说是关于可得到的东西，不如说是关于得不到的东西。不知出于何种原因，我们对得不到的东西更加渴望。这一点适用于所有事物。我敢打赌你可以想起这样几种情况，比如神魂颠倒地爱上某人，甚至日思夜想，但对方却不喜欢你，或者已经名花有主，而那些在意你的人你却看不上。你想得到某个人的时候，会不择手段地去争取——可得性法则体现的就是这一古老法则。我们对那些唾手可得的东西毫不在意，但对得不到的东西却格外垂青。当我们发现某个产品的供应有限，或者说得再严重一些，已经没货了，那么首先得出的结论就是该产品一定非常抢手，否则怎么会卖光呢？在此，我们运用的是简单的经验法则：得不到的才是好的。

美国的一些年轻女性在接受调查时表示，她们觉得供不应求的紧身裤袜应该比随处都可买到的紧身裤袜更贵一些，尽管二者几乎完全一样。这和上文的例子一样适用于这种基本法则。倘若罗密欧和朱丽叶能经常在一起，他们可能就不会有那种刻骨铭心的思念，以至最终双双殉情。罗密欧和朱丽叶的故事说的正是不可得性。（从理论上讲，喜剧片《宋飞正传》中乔治·科斯坦萨的话很有道理，他垂头丧气脱口而出："我一生都在玩欲擒故纵的把戏啊！"）

出于同样的原因，我们都喜欢游览国外城市的著名景点，因为谁知道我们什么时候才能再去那里呢？但我们却可能一辈子都不会去自己所居住城市的景点游览。有些斯德哥尔摩人甚至一走出自己的社区就迷路，但却对伦敦的 SOHO（苏活区）街区了如指掌。如果说登过埃菲尔铁塔的瑞典人比登过瑞典最高建筑——斯德哥尔摩电视塔的还多，我也一点儿也不感到吃惊。

这里也有必要提一下土豆。土豆从来没有像今天这样受欢迎过。18世纪末期,法国人认为土豆能引起麻风病,德国人认为土豆只适合给牲畜和囚犯吃,俄国农民认为土豆有毒。但后来所有这些观点都发生了改变,这还得感谢俄国女皇叶卡捷琳娜。显然,她认为土豆不应该得到如此不堪的恶名。她很聪明,下令在所有土豆田的周围修上篱笆,并且在篱笆上竖起大型告示牌:严禁偷盗土豆。突然之间,人们很难弄到土豆。当然,没过多久,土豆就变成了俄国乡村餐桌上的标配食物,之后发生的故事就如同史书所记载的那样。

如果我要利用可得性法则(稀缺法则)使你想得到某种东西——我要做的就是向你暗示这种东西很稀缺,很快就会卖光,或者它是限量销售的。这就是为什么几乎每张DVD的封面上都印着"限量版"字样,每部迪士尼电影都"限时上映"或者"只在影院放映"的原因。大家实话实说,你看到过有哪一张《加勒比海盗》DVD不是"限量版""精选版"或者"典藏版"的吗?"限量"意味着这个版本的数量有最高上限。但是,如果某个东西的限量版"限量"50万份,你可别吃惊。迪士尼电影的"限时上映"时间通常指的是7年左右。而所有人都知道,"只在影院放映"的意思是在发行DVD之前只能在电影院放映。事实上,这不算是什么严格的的限量。但这样说是有原因的:限时限量的说法能让我们急于买下这些东西。我们在做决定时,只要一想到可能会失去某种东西,就会促使我们做出决定。

　　大家可能还记得有关认知幻觉的那一部分内容，相对于收益，我们更愿意冒险以避免损失。任何可能的损失都比可能的收益更能激励我们。原因如下：难以得到的东西通常比唾手可得的东西更好。人们之所以这样认为，是因为好东西更有吸引力，也就是更多人想要得到它。只要这种东西不是敞开供应的，那就意味着得到它非常困难，因为对它的争夺会很激烈。因此，我们经常把东西的可得性作为评估其好坏的一个标准。这是一条有效的经验法则，很多时候也是正确的。这条法则还有另一层含义：当机会有限时，我们就失去了一部分自由，而我们不愿意失去已有的自由。一旦意识到这样的危险，我们就会竭尽所能重新夺回自由和主动权。

　　现实生活中有人做过巧克力棒这个实验。该实验还揭示了其他几件有趣的事情，比如某样东西一直很容易得到，之后突然变得难以得到，此时它比一开始就很难得到的情况更吸引人。这正是叶卡捷琳娜女皇的土豆策略如此成功的缘故，也是中国在宣布即将举办奥运会之后其旅游业以创纪录的速度增长的原因。人们到北京旅游是为了看看这个文化古都在大兴土木迎接奥运之前"曾是什么样子"。我自己就认识这样一些人，他们可能从来没打算去中国，但几年前，在可能永远失去这一机会之前，他们却突然前往中国旅游。同样，如果斯德哥尔摩电视塔想吸引更多的游客，他们只需在媒体上发布消息说该塔将在3个月后被拆除。

(3个月后,他们可以收回这个消息,理由是他们改主意了。)

如果某个东西(比如巧克力棒)由于争夺激烈而很难得到,那这会比由于失误(比如数量统计错误)而售罄的情况更吸引人。只剩下几个巧克力棒(如果不是因为算错了数量而卖光了的话)比一大堆巧克力棒更有吸引力。尽管我们认为这种理由很好理解——它在过去可能对我们非常有用。但令人不可思议的是,即使我们知道所谓的数量有限是"虚构的"("我们算错数量了"),并非是由于许多人捷足先登,但我们的反应几乎还是一样的。

影片《加勒比海盗3》的DVD刚一发行,很多人尽管已经在电影院看过而且知道它不是那么精彩,但还是趋之若鹜,争相购买,原因就在于DVD封面上写着限量销售。因此,你必须在能得到它的时候买下它。

有限的可得性,这个曾经被用来衡量某种东西受欢迎程度的标准,已经变成了产品的一部分,体现的不再是商品的质量或价值(你如果看过《加勒比海盗3》,就应该知道这一观点是多么正确)。但是,我们仍然把它从货架上取下来,就好像我们必须抢在别人之前得到它一样。加入性话题讨论群体需要我们付出的努力越多,就越显得来之不易,也就越有吸引力。与此类似的还有那个只有持贵宾卡才能加入的俱乐部,或者那个人人都想得到的帅哥。我的理发师给我讲了一件事:她暗恋一个男人,但自己太害羞了,一直不敢对他表白,直到另一个女人开始对他抛媚眼。

"我很受刺激！也非常生气！"她说道："想和我争？想在我面前把他偷走吗？没门儿！"

一旦受到威胁，东西可能被别人抢走，人们就会出手。巧克力棒、罗密欧和朱丽叶，说的都是一回事：可得性法则。

如果我真的想通过限制可得性来操纵你，我肯定不仅会让我的商品看起来数量有限，而且还会告诉你只有少数人知道这个消息。一位研究人员做过一个实验，他先是告诉一些肉食进口商，肉类市场即将面临严重短缺的情况。当他对另外一些进口商说起这件事时，他还告诉他们只有为数不多的人知道这个消息，这条消息来自他的私人关系，一定不要说出去。第一组实验对象受可得性法则影响，购买的数量是平常的两倍；另一组实验对象在得到"独家"消息之后，也掉进了同样的陷阱，只是陷得更深，他们购买的数量是平常的6倍！就连罗密欧和朱丽叶都没能抵挡住见面次数有限的诱惑，这些肉类进口商又如何能抵挡住这一小道消息的诱惑呢？

最后，巧克力棒实验还告诉了我们关于人性的一些事情，这些事情我在本书中提过。它解释了人们的一些行为原因，例如为什么漫画收藏者将收藏的漫画保存在密封的塑料套子里，永远不打开？为什么存在类似"完好如初"这样的说法？为什么你始终没有打开那些装饰书架的"限量版"DVD？

尽管那些巧克力棒的品尝者说他们将来还想吃这样的巧克力

棒，并且愿意付更高的价钱，但他们并没有觉得那些巧克力棒的味道更好。想一想这意味着什么吧。你想要它吗？是的。你愿意付更高的价钱吗？是的。它真的比其他巧克力棒更好吗？不是的。这是必须要弄清楚的一件重要的事情。我们从很难得到的东西那里获得的快乐并非来自这种体验自身（比如阅读漫画、使用物品或者观看DVD），而是来自对事物的拥有。区别这两者是非常重要的。现在，大家明白为什么拥有某样东西足以让你快乐了吧——我有，故存在。

一个典型的例子

自1959年第一个芭比娃娃问世以来，精明的营销人员每年都要推出一款新的玩具娃娃。有时候他们做得不是很成功，但我们要讨论的不是这些。玩具厂商之间的竞争越来越激烈，因而出现了铺天盖地的广告，我们以及我们的孩子"不想看都不行"。偶尔，有些厂商会在竞争中脱颖而出，在全球引起轰动，比如椰菜娃娃、忍者神龟、菲比精灵、电子宠物拓麻歌子、口袋妖怪、任天堂游戏机Wii等等。这些成功的浪潮都有一个共同点：产品刚一上市就销售一空。2007年圣诞节之前，任天堂游戏机Wii的销量爆棚，这可能是因为大部分人在2006年圣诞节的时候就没买到，打那之后他们已经等了整整一年！

另一个典型例子

在与电话推销员通话时，我有时候会觉得他们向我推销的产品听起来还真的不错（有时候我表现得不够冷静）。在这种情况下，我会要求电话推销员把书面报价书寄给我，这样我就可以不慌不忙地慢慢阅读，而他们可以在几天后再给我打电话。结果他们的回答都是一样的："但是我现在只能在电话上向你报价，再晚交易就无效了。"此时此刻，我会表现得很冷静，觉得他真是一个笨蛋，因为他刚刚错失了一笔生意。

我敢肯定，大家在各种情境中都会发现这种推销策略："只有现在下订单你才能得到它。"在刚才的故事中，电话推销员觉得推销过程不像他想象的那样顺利，于是他突然为此次交易提出一个时间限制，也就是说，他试图利用可得性法则诱使你上钩。但这种做法对我来说却适得其反，因为这样一来，显然这笔听起来不错的交易只是嘴上说说而已，因为他不愿意让我斟酌之后再做决定，反而想让我因为害怕错过交易机会而当即做出购买决定。我希望大家以后能避免掉进这种圈套。

虚构商品

在本章一开始我就说过，产品不是真的卖光了，因为如果真卖光了，那让你产生迫切想拥有它的欲望就没有意义了。但事情也并非完全如此。有这样一种情况，目的是让所提供的商品卖光，如果真有这个商品的话。这种商品叫作虚构商品。所谓虚构商品，就是你在报纸广告中看到的那种电视机，但等你去商店购买的时候，却发现这种电视机已经卖光了。

商店一开门电视机就卖光了的原因是：这种电视机是预先设定好被卖光的，实际上他们只有3台库存（如果1台都没有的话，那么这个广告就是违法的），但他们可不会告诉你这个。这种令人动心的广告其实就是想让你前往商店一趟。既然你已经到了商店，尽管那种电视机已经售光，但他们还有几乎相同的其他电视机，只是价格稍高一点儿。你内心感觉他们向你提供的交易并没有广告中说得那么好，但是你都已经来了，而且确实想买一台电视机，不是吗？我是说，你在某种程度上已经产生了购买的想法，不是吗？更何况，销售员还会悄悄地告诉你，这种电视机今天可能也会卖光。此时你会怎么办？成交！

如果某个女孩要在5个男孩中挑选男朋友，可能她最想要的是她最不可能得到的那一个。如果有5台电脑在出售，而其中一台已经卖出去了（虚构的电脑），那卖出去的那台电脑就是人们最想要的电脑。其中的道理是一样的。假设那台虚构的电脑的最大优点是拥有强大的视频处理器，那这个优点就成了我们从剩下的4台电脑中选择购买的主要因素。细想一下似乎完全没有道理，但这意味着如果你要买一台电脑，并且必须在4台不同的电脑中挑选，你可能会仔细比较每台电脑的优点和缺点，但如果在这4台之外又增加了一台你根本得不到的第5台电脑，而那台电脑拥有强大的内存，那么，突然之间内存就变成了你挑选其他4台电脑的最重要标准！这表明，如果我有意地增加虚构商品，就可以使你对现实的认知产生微妙的变化。

设计出口袋妖怪卡片交换游戏的那些天才深谙虚构商品对我们的影响。口袋妖怪游戏的最终目的是让你抓到所有的妖怪。"必须把它们全部逮住"！但无论买多少盒妖怪卡片，你都不会得到那些极难凑齐又迫切需要的传说中的罕见卡片。只要你没有得到这些卡片，就表明你没有把它们全部逮住，对不对？因此你不得不继续寻找，这样一来又可以卖出无数卡片了！

拥有某种事物，能让自己和他人知道我们是谁。拥有别人很难或者不可能得到的事物是一种能让别人知道你是谁的十分显著的方式："我有别人没有的东西，这让我显得独一无二、与众不同。"你觉得这很孩子气吗？大家不妨找个镜子审视一下自己。我敢说你一定拥有几样让你感到骄傲的东西。拥有限量版的商品也能让你产生一种归属感：如果某种豪车只生产了几辆，你就可以凭借拥有它而成为某个专属俱乐部的一员。但如果你是整个街区唯一没有得到那个人人都想要的玩具的孩子（或者拥有一个"几乎一模一样"但廉价的杂牌玩具——这是你那抠门的父母在地摊上买的，他们还觉得自己捡到了便宜），这会让你感到自卑，抬不起头。更倒霉的是，你还可能遭到其他孩子的排挤。如果你在孩提时代从来没有得到过一个萌趣趣玩具猴，只能将就把玩一个粗鄙不堪的布娃娃，你就会明白我的意思。

人们害怕失去自由，害怕选择的数量有限，这种恐惧心理非常强烈，有时甚至会导致我们做出十分荒唐的行为。如果你突然得知不能拥有某样东西，比如刚刚吃完了冰箱里的最后一块冰棒，那么即使这种东西司空见惯，你也会变得极度渴望，想要拥有它。你仿佛突然之间爬进了世上最小的思维空间，找不到出路。现在，让我们再看看那个购买电视机的例子吧："恐怕我们的库存已经没有了，但这台几乎是一样的……而且也贵不了多少。你已经决定了要买这台电视机了，对吧？"

当然，虚构商品不一定是你要购买的商品。它可以是任何东西，只要你能让它变得不容易得到。它可以是一个虚构出来的具有某种特点的人或者团体。我刚好也有这些特点，因此我想让你对其产生渴望。我想大家应该知道接下来该怎么做了吧。

审查制度

让人们渴望拥有某种东西的另一个有效方法就是对其进行审查，故意限制它的可得性，并公开声明"你不能得到它"。例如俄国的土豆。

我们想要的并非单单是得知信息遭到审查，我们更关心的是该信息的真实性。这就是为什么诸如"他们企图掩盖真相"或者"他们不想让你知道"之类的话语如此具有影响力的原因。当我告诉你我给你的信息是审查的目标时，你更可能相信该信息是真实的。政治极端分子就喜欢用这种手段来蛊惑人心、争取追随者。无论他们的观点是什么，只要他们成为审查对象，我们就会更相信他们。

在瑞典，哪些东西通常是接受审查的对象或是禁止特定目标群体接触的呢？电影、啤酒和情色作品有年龄的限制。不要误会我的意思，我并不是说限制年龄是件坏事，但是"仅对成年人开放"就等于明确告诉青少年成年人究竟是什么样子的：喝啤酒、看黄片。这自然会使这些事情对青少年更有吸引力。大家觉得这听起来不可思议吗？一群18岁的美国青少年被要求阅读一本书中的一个片段，其中一组人被告知只有21岁以上的人才能看这本书（当然不是真的）。结果，这组人明显比另一组没被告知年龄限制的人更想读这本书，尽管他们读的都是书中的同一个片段。

在《圣经》的"创世纪"一章中，上帝其实非常希望夏娃吃掉那个蕴含着性意识的苹果（这样一来整个故事就可以开始了）。能够证明这一事实的证据就是：上帝禁止夏娃吃那个苹果。如果他从来不这么说，那夏娃可能就会一直在花园里无忧无虑地生活，甚至永远都不会发现那个苹果。但是，在上帝发出禁令之后，她反而渴望去吃那颗禁果了。上帝真是个聪明的家伙！

偷听

还有一种情况经常会让我们毫无保留地相信我们听到的内容：偷听（无论是有意的还是无意的）。如果我真的要确保让你做我希望你做的事，我就会综合使用几种技巧：一方面声称即将出现某种供应短缺，另一方面告诉相关的人这是独家消息，但同时会让你"偶然"听到这个消息，不会亲口告诉你。从人的本性来看，相较于直接传递给我们的信息，我们更相信别人的谈话信息。

如果你从我身边经过时，看见我正在和别人打电话，偶尔听到我说些类似"我不知道该怎么办，《影响》这本书卖得比我们印得还快，现在印刷厂那边出了点儿问题，所以接下来的几个月内恐怕都没有新书可卖了……"之类的话，不要觉得自己很幸运地买到了一本。我这样说可能只是想让人们以最快的速度冲向书店。

你说什么？——语言的影响

尽管拥有全部的感官功能，但我们对现实的感知还有很大一部分来自语言。当然，我们用眼睛、耳朵和鼻子来感知世界，但是这些感官印象的意义取决于我们用什么样的语言或者定义来描述这些体验。语言是我们解读世界的一种方式,是决定我们所见所闻的一种方式。你无法对雪有 20 种不同的体验,除非你有爱斯基摩人那么多用来描述冰天雪地的词汇。

同样,下面这幅画可以说描绘的是一个少女,但也可以说描绘的是一个老妇。采用不同的描述方式,我可以告诉你如何解读这幅画。如果我说:"为什么这个少女不看着你呢?"你就会看到一个少女,除此之外什么也没有。这就是我用语言来界定和创造现实的方式。尽管可能有多种感知事物的方式,但经我这么一说,现在只剩下一种了,这就是语言的标签作用。(确切地说,我们的潜意识不会受到语言的限制,我们仍然会依稀看到画中的老妇形象,但那是另外一回事。)

图 3-6　一幅既能看出少女形象又能看出老妇形象的画

当我想影响你时，我需要确保让你用我希望的方式来感知世界，而不是其他方式。如果让你看到画中的老妇形象不符合我的目的，那我就会进行一番布置，让你的世界里到处都是少女，或者向你灌输任何一种我觉得合适的观点。要做到这一点，最好的办法莫过于语言。

有时候，我会非常幸运，能够提前判断出你是如何感知世界的。例如，我可以在让你看这幅画之前透露要给你看一幅少女的图像。但在很多情况下，我不可能预测出你的体验，因而你对事物的感知方式可能与我想象的完全不同。但这算不上什么问题，因为我可以改变你对自己体验的看法。即使是在事情发生之后，我也可以通过改变你对体验方式的描述来做到这一点。

我们都愿意把自己的记忆想象成固定不变的，就像相册里的照片那样，但事实比这要复杂得多。每当你回忆某件事情的时候，这件事情都会在你的大脑中进行重构。你所记得的都是当时输入你大脑的各个不同思维片段的拼图组合。这意味着你每次回想起这件事的时候，记忆都会略有不同，因为拼图的各个部分每次都有变化，有增有减。而这种重构也会受到语言和提示的影响。

在一个著名的实验中，实验对象被要求观看一段多车相撞的视频，然后回答一个与视频相关的问题。一些人被问道："这些车相互撞击时的车速有多快？"另一些人则被问道："这些车相互剐蹭时的车速有多快？"参与者必须在看完视频后马上回答。回答"相互撞击"这一问题的人判断出的车速明显高于回答"相互剐蹭"这一问题的人判断出的车速。一个星期之后,所有看过这个视频的人都被问到了这样一个问题:"你看到车窗玻璃被撞碎了吗?""撞击"组中声称看见碎玻璃的人数是"剐蹭"组的两倍还多。但实际上,视频中根本没有出现过撞碎的玻璃。显然,"撞击"和"剐蹭"这两个不同的词汇让实验对象产生了不同的记忆和联想,因此他们想象出了视频中可能出现的场景,而这又对他们重构的内容产生了影响。也就是说,这影响了他们的记忆。或者更准确地说,这影响了他们以为自己记得的内容。

大家可以回想一下最近给你留下美好印象的陌生人,比如在商店里帮助过你的售货员、餐馆中的服务员,或者把你从游泳池里救出来的救生员。如果我让你把这个人从排成一排的10个人的队伍中认出来,可能你很容易就做到了。但是,现在假设你必须列出你所记得的这个人的所有特征:身高、头发的颜色、衣着等等。类似这样的一份清单应该可以帮助你把他从一大群陌生人中辨认出来,对吧?但实际上,情况恰恰相反。在使用词语描绘了这个人之后,你已经削弱了自己辨认他的能力。你用语言描述代替了当时的视觉记忆,而语言描述更加复杂,难以面面俱到。没有列入清单的特征不会成为你辨认这个人的标准。无论此人是否符合那些特征,很有可能它们已经不在你的记忆中了。一旦这些特征从你的描述中被删除,它们就不复存在了。

人的记忆并不是静止不变的，而是在重构中不断变化，因而很容易被语言影响。这也是魔术师经常使用的一种非常重要的手段。在过去的20年里，我被一种高级形式的自我陶醉深深吸引，这就是众所周知的"纸牌魔术"。当我说"挑一张纸牌，任意一张纸牌"的时候，我几乎想不起来自己究竟用烂了多少副纸牌。在表演纸牌魔术（或者其他类型的幻术）时，你的一些手法或者变化同你跟观众介绍的其实并不一致。比如，我看起来好像是在把纸牌移到一边，但实际上我是在偷偷地切牌，把提前选好的一张纸牌放到整副牌的最上方。有时这种手法变化几乎是看不见的（至少魔术师能够做到这样），但有时，魔术师可能需要做一个看起来不大合适的动作。在这种情况下，你一定要在魔术表演进入最后阶段之前简短地描述一下到目前为止所发生的一切。

　　在告诉你我做了哪些事情的时候，我会改变其中的一些特定细节，希望可以改变你对之前发生事情的记忆。我唯一一次触碰纸牌发生在我偷偷切牌的时候。如果你发现我刚刚触碰过纸牌，那么让你抽出的纸牌跑到整副牌最上面的戏法就不会迷惑你。但是我会设法让自己的举动比较隐蔽，我可以说"把你抽出的牌放回整副牌中间的任何位置，从那时起纸牌一直放在桌子上，我再没有动过它们。现在请把最上面的那张牌翻过来。"只要你无法说我刚刚动过纸牌（例如，假如我的动作太过明显，试图遮掩某个动作），那你的记忆就会被我刚才的描述所影响，你会记得我从没有动过牌。如此一来,当你抽出的纸牌神不知鬼不觉地出现在整副牌最上方的时候,魔术的效果就会更加强烈,而此时,同所有的纸牌魔术师一样,我希望可以很快应付过去。

与此类似的是,一群人被要求观看一个视频,视频中的男人在使用锤子时发生了意外。但是其中一些人在观看视频时听到画外音提到的是螺丝刀而不是锤子。与听到"锤子"这个词的人相比,听到错误描述的这些人更相信那个男人使用的工具是螺丝刀。

不过,这种重新解读信息的方式似乎对那些我们不特别在意的信息、不关心的事情更管用。我可能会让你忘记我曾经动过纸牌,但要让你相信你抽出的那张红桃3其实是梅花K可就难多了,因此我最好不要搞砸那个偷偷切牌的动作。你所关注的是自己抽出的是张什么牌,所以如果我想影响你对自己关注的事物的体验,我应该从一开始就影响你,甚至在事情发生之前就影响你的看法。这也是为什么我在向你展示那幅画之前会先透露你将看到一位少女的画像。

人们可以通过语言来影响你和你对世界的看法。人们经常使用这些方法,尤其是在政治辩论和演讲中,如果你在其中发现了某些方法,也大可不必感到吃惊。

利用错误的定义

这个技巧是赋予一个广为接受的旧定义一个不为人所知的新含义。这样的例子包括把堕胎称作谋杀,或者像素食主义者那样说——"吃肉等于谋杀"。然而,严格地说,这两种对"谋杀"这个词的用法都不符合法律用语"谋杀"的正确定义。《牛津词典》给出的正确定义是"故意地和非法地杀害另一个人",此外再没有别的意思。一些小报也犯有同样的错误,把"谋杀"说成是"执行死刑",而执行死刑的定义是"合法机构才能执行的死刑判决",此外再没有别的意思。黑社会的谋杀根本不是执行死刑,无论这个词在头条新闻中看起来多么显眼。

贴标签

如果我能用一些贬损性的词汇来描述竞争对手的活动,那么我就是在给这些活动"贴标签",这样做的效果极具破坏性。与此相关的一个例子就是瑞典的保守党把左翼环保联盟称为"泛红绿色捣乱组织"。最近,他们还把瑞典社会民主党的教育政策说成是"嬉皮士学校政策"。争论这类标签性词汇是没法获胜的。社会民主党可以这么回答:"你将如何对待嬉皮士学校政策呢?"这等于暗示说真的有"嬉皮士学校政策"(因为他们首先回答了问题),因此,败局早已定下。他们也可以选择拒绝回答这个问题,但这样一来就无法讨论教育政策问题,他们同样会以失败告终。

非黑即白，没有中间地带

这是在两个相反的极端情况中没有任何灰色地带或折中观点的态度。这种态度意味着你看待事物非黑即白，虽然真实情况往往并非如此。如果把人或事说成是非好即坏、非胖即瘦，头发不是浓密就是秃头，人们不是忠实信徒就是异教徒，某人是快乐或难过、正直或邪恶、赞同或反对、公平或不公平，那是极端错误的。

当然，像这种二元概念还有一大堆：她要么怀孕了要么没怀孕，他要么活着要么死了。这个技巧非常有效，可以用来让听众进入非此即彼的思维模式：你要么和我们一伙，要么就应该被狠狠打击。或者正如乔治·W. 布什在"9·11恐怖事件"之后向全世界恐怖主义宣战时的演讲所说的那样："你要么和我们站在一起，要么就是我们的敌人。"真是个天真的小布什！

暖人的话语和冷漠的话语

如你所知，饱含情感的暖人话语可以激发听者内心强烈的情感。同样，你也可以运用不含感情色彩的冷漠话语来削弱听者的强烈情感。因此，我们不会说"失业"之类的话，而会说人们"在劳动力市场上求职"或者是"人力资源分配"。我们喜欢用"安乐死"而不是"协助死亡"。而所谓"解雇某人"也总被说成是"还自由"于他们。几年前，斯德哥尔摩的一家广告公司把招待员一职命名为"第一印象经理"。哇，他们真厉害！

当有人在存在很大意见分歧的场合讲话时用了不含感情色彩的

词语，你可能会猜想讲话者一定在避免引起争论。就像瑞典社会民主党坚持使用"共享部门"而不是"公共部门"这个说法一样。

社会中神圣不可侵犯的事物

有些词汇和主题对我们来说十分神圣。这意味着如果有人试图影响我们，他们可以通过抬高这些事物的价值获得加分，也可以通过指责对手破坏这些神圣不可侵犯的事物来重创对手。以下是过去几十年里公认的神圣事物。

孩子	平等
婚姻	保健
亲子关系	运动
葬礼	便利
学校	罢工权
濒危物种	自由择偶权
宗教	助残
环保	带薪休假

我们的观念随时都在变化，当然，也是因为受到了其他因素的影响。随着我们价值观的变化，一些曾经神圣不可侵犯的事物的意义日渐式微，或者受到了公众的质疑。众所周知，在过去，男人是社会和家庭中的决策者。但现在，这种观念几乎被人遗忘，

或者已经完全被新的观念所取代。以上列举出来的这些例子都有一个前提：所有人对这些事物的认知都是相同的。

社会禁忌

就像那些神圣不可侵犯的事物一样，也存在一些社会禁忌。这些禁忌都是我们厌恶的事物，不论我们的政治观点是什么，我们不喜欢它们的理由只因为我们是人类。因此也可以利用社会禁忌来达到某种目的。猛烈地抨击其中的某个禁忌，声称我们竞争对手的政策会导致其蔓延，我就能确保每个人都赞同我。以下就是一些社会禁忌的例子。

犯罪	快速的社会变迁
物资滥用	民主暴力
恐怖主义	虐待老人
袭击	虐待动物
强奸	黑社会暴力
虐待儿童	自杀
不忠	诽谤
腐败	

这份清单上的内容看起来有点儿面熟，像是小报头条新闻标题的关键词汇总。当有人触犯了某一社会禁忌，我们就会变得群情激

愤,并想要做点儿什么——或者至少会拿起报纸关注一下。小报常常报道社会的阴暗面,并挑起公众进行情绪宣泄。我们都有各种各样的禁忌思想,认为某些事情绝对做不得。从报上读到有人做了这些事情之后,我们会变得义愤填膺。这对我们来说是一个机会,可以让我们正视社会禁忌,同时又无须触犯这些禁忌。在这个过程中,每个人都是赢家。通过强调社会禁忌,报社能够大赚一笔,而你也彰显了自己的道德品格。最重要的是,我们都能弄清楚你是如何看待做了错事的那些人,或者你是如何看待犯了错的政党的。

奉承

每个人都喜欢别人夸自己聪明,你也不例外。(但是各位,你们真的比其他人聪明,对不对?我的意思是说,你们都买了这本书。)每个人都喜欢听别人说自己做的决定是正确的,或者至少表现出这样的动机。这正是为什么我不介意让你知道你是多么聪明的原因,因为你能够自行思考并自主决定。通过奉承,我可以让你放松警惕,不再用批判性思维思考自己得到的信息,并不再据此做出决定。这些信息是我提供给你的,而且我已经对这些信息进行了精心编辑。当然,我从不提及这一细节,因为我也很聪明。

幽默

如何进行一次精彩的演讲?首要原则就是采用一个笑话或者一则趣闻逸事进行开场。这样一来,你就可以让听众放松(从生理上来说,人们在开怀大笑的时候身体是不可能紧张的),而这会让他们更容易接受你传递的关键信息。如果你觉得"还不赖，他真是个有趣的家伙"，那你就会更容易赞同自己之前担忧的问题。

先冷，再热，最后激情燃烧

很多出色的演讲者会随着演讲的推进而将演讲效果逐渐增强。如果演讲者一张嘴就风风火火豪情万丈，那他可能从一开始就把听众抛诸脑后。如果你读过我最近的一本书，你就会知道其中的原因：演讲者必须一开始显得自己和听众一样，与他们处于相同的水平。没有人能忍受演讲者一开始就高调地宣扬自己的演讲内容多么了不起——除非听众也在高声呐喊，在这种情况下演讲者只需随大流就可以了！

这是阿道夫·希特勒最喜欢用来影响人们的技巧之一。演讲伊始，他先以一种平静理智的口吻对听众讲话，貌似一位英明睿智的长者。接下来，他的语速越来越快，语气越来越强硬，情绪越来越激动，中间会有许多简短的停顿，也许是为了在继续演讲之前测试一下听众的反应。在演讲快要结束时，他会冲着听众大声咆哮，疯狂地挥舞双臂，用拳头猛击讲台。由于他控制了听众，听众也迎合着他的情绪变化，因而一旦听众（以及他自己）的情绪被煽动起来，他们就会发疯一样地欢呼鼓掌。

程式化回答

在使用这个技巧时，我会先向你提许多问题，这些问题的答案都是相同的，然后通过这种方法让你同意我最后提出的关键问题。前面那些问题通常与神圣不可侵犯的事物或者社会禁忌有关，也可以是其他方面的一些众所周知的常识，因此我可以肯定大部分被提问者的回答都是一样的。至于最后一个问题，则不像其他问题那样平淡无奇，但我希望你能被我说服，能够像回答其他问题那样来回答这个问题。我基本上会"引导"你回答"是"或"不是"，然后，我希望你停止思考，并习惯性地这么回答下去。在下面这个例子中，一个反对政府对枪支进行管控的美国政客就运用了这一技巧。

> 你们希望被政府审查吗？
> 不！
> 你们希望提高税赋吗？
> 不！
> 你们希望政府变得越来越庞大吗？
> 不！
> 你们希望自己的儿女被送上战场吗？
> 不！
> 你们希望政府管控枪支吗？
> 不！

你也许认为这个例子看起来太过低级，听众轻而易举就能看穿，但有时政治宣传就是这么简单。仔细思考一下这个例子还是非常值得的，因为这里面包含了一个隐性前提，很多影响力专家在使用这个技巧时都忽略了这一点。它不是要人们对一些随意的问题说"不"。在这个例子中，这名政客先是让每个人公开表明（大家还记得这个方法是怎么起作用的吗？）对庞大政府机构的态度。这群人显然不喜欢庞大的政府机构。但是，直到唤起这种情绪，这名政客才把人们对庞大政府机构的厌恶与他自己反对的事物（控枪）联系起来。从前后关系来看，似乎控枪就是庞大政府机构这一观念的延续。因此，在我想这样使用程式化的回答技巧时，我会用我期望得到的回答来重复和肯定某种情感，然后把这种情感和我真正的目标联系到一起（不论它们之间是否真的有联系）。只要我的这些问题看起来彼此相关，那就足以引诱你上当了。使用这个技巧也可以不用强化某种情感，不过即使它奏效了，效果也不会持久。正如瑞典流行歌手埃娃·达尔格伦在20世纪90年代的一场音乐会上做的那样。她当时自作聪明地对听众们大声喊道：

你们感觉好吗？

是！

你们现在高兴吗？

是！

你们还想再听吗？

是！

我们应该杀死所有的小海豹吗？

是！

嗯？

程式化回答 2：设置肯定回答

有关程式化回答这一技巧，还有一种改进后的做法，这种方法使用起来更简单，被称作"设置肯定回答"。其原理是：如果我能让你对两个问题回答"是"，那就极有可能让你对第三个问题也做出肯定回答。这个技巧由来已久，根深蒂固，众多电话推销员都喜欢以这样的方式开始推销：

您是亨瑞克·费克塞斯吗？

是的。

您的电话是 555-5555555 吗？

是的。

您想买一卡车的清洁剂吗？

……（电话挂断声）

他们常常忽略的一点就是不能随便什么都问。再强调一次，你问的问题必须是相关的。当然，公开承诺法则和互惠法则（很快我们就将读到这条法则）都适用于这一技巧：要对那些刚刚把时间花在我们身上并让我们做出积极回应的人说不是相当困难的。但是对我来说，如果要得到我希望的回答，我就要利用你的积极回应来激发某种积极情感。简单地说就是，如果我想让你跟我去看电影，下面这种提问的程序就是完全错误的：

你穿的是一件新运动衫吗？

不戴眼镜你能看清楚吗？

想去看电影吗？

根据设置肯定回答的理论，下面这种程序就好得多：

嘿，我们上次一起出去玩是不是很开心啊？

你喜欢汤姆·克鲁斯吗？

今晚想去看电影吗？

当我开始问你问题（即使问题互不相关），并且你意识到自己已经连续回答了好几次"是"的时候，就应该注意我下一个问题了，因为那才是我的目的所在。如果你没有留心，那你恐怕最后就会跟我一起去看电影，或者就会有一辆装满了清洁剂的大卡车停在你家门口。

但他没有布拉德·皮特长得帅：使用对比原则施加影响

练习 9

从椅子上站起来，去拿三个水杯。快点，站起来！你需要休息一下了。把三个杯子装满水。其中一杯是冰水，一杯是常温水，一杯是热水。把三个水杯排成一排摆在你面前，如下图所示。把你的左手食指伸进冰水中，右手食指伸进热水中。大声数到 7，然后把两根手指都伸进常温水中。

冰水　　　　　常温水　　　　　热水

图 3-7　三杯水的练习

你会觉得你的左手手指仿佛伸进了热水里,而刚刚在热水里待过的右手手指仿佛伸进了冰水中,尽管事实上你的两根手指都伸进了同一杯水中。大家觉得不可思议吧?

有时人类的感知能力会很奇怪。当我们看见某样东西时,我们对它的看法会受到影响——不只是受到我们所看见事物的影响,也会受到我们看见它之前所看见事物的影响。也就是说,根据对比原则,如果我们观察两个事物,第二个事物和第一个事物有所区别,我们就会放大这些区别,觉得二者之间的区别比实际区别更大。简单地说就是,如果我正在聚会上和一个非常漂亮的女孩儿交谈(为了讨论方便,假设我是受邀参加此类聚会),而一个长得不如她漂亮的朋友从旁边经过,我就会觉得这个朋友比她实际上长得要丑一些。之所以如此,并非因为我是个浅薄的大男子主义者,而是对比原则在起作用。

如果先搬起一块较轻的石头,再搬起一块较重的石头,我们就会觉得第二块石头比它的实际重量要重。这条原则看起来适用于任何一种认知印象或体验:不论是颜色的鲜艳程度、石头的重量还是物品的贵贱,我们都会犯同样的错误。先前的体验会成为我们衡量后来体验的标准。就像你刚刚做过的实验那样,即便是小小的一杯温水,也会由于先前的体验而带来完全不同的感觉。

对比原则是一种现成的小手段,可以用来影响你,让你按照我的想法行事。随便走进一家服装店，就能看到对比原则在起作用。你在哪里能找到最便宜的衣服呢？它们很有可能就放在收银台旁边的篮子里。也许你本来没打算买新袜子，但当你在店里买完需要的东西后排队结账时，3双袜子5英镑的价格和你买的3件衬衫的价格比起来似乎便宜多了。于是，你顺手就买下了这些袜子。

无论是在连锁服饰品牌店H&M还是在精品服装店，这种技巧的作用都是一样的。此外请大家注意一下店员是站在什么位置准备向你提供专门服务的。他们可能会站在套装或者其他高档服装旁边。但是挑选套装真的比挑选牛仔裤需要更多的帮助吗？恐怕不是。店员站在那里一方面是为了帮助你，但同时也是为了确保让你先买下更贵的服装（套装），因为一旦你决定购买至少价值数百英镑的套装，那么价值80英镑的腰带就不会让你感觉贵，更别提那块30英镑的手绢了。但是，如果把购买顺序颠倒过来，你恐怕会嘲笑自己花30英镑买块手绢插到上衣口袋里的这种想法。[我曾在买下一套Tiger（老虎牌）西装的同时花了30英镑买一块手绢，交钱的时候眼睛都没眨一下。]

我们在刚买了很贵的东西之后往往更愿意花钱，这听起来似乎逻辑颠倒，但事实的确如此，这就是对比原则产生的效果。宜家家居公司深谙此道。下一次逛宜家家居的时候，你可以留意观察一下收银台旁边篮子里的东西，并注意看一下人们购买的数量！还有我们购物之后买的那些热狗、披萨和饮料，这些东西更是便宜得惊人。想想看，你已经花了那么多钱买东西，再多花几英镑又何妨？

对比原则的作用是双向的，也就是说，如果你先看到的是便宜的东西，那么再看到贵的东西时，你会觉得它们比实际上更贵。

因此，换句话说，如果我想要显得比别人聪明，我一定会设法让那些讲话慢的人在我之前先讲。这样对比之下，我会显得更有口才。如果我想让你觉得我的体形不错（实际上很差），我无须去锻炼举重健身，只需要让体形更差的人在我之前出现就行了。这样对比之下，你会觉得我的体形很棒。（这意味着，如果你不想显得愚蠢，就最好不要在诺贝尔奖得主发表电视讲话之后讲话！）记住，对比原则的作用是双向的。

在一项让人感到不安的研究中，研究人员让一群男士（又是男士！）浏览一些他们有可能与之相亲的女士的照片，然后给这些女士打分，评定她们的魅力指数。不过，其中一部分男士所在的房间里有一台电视机，正在播放一群大美女主演的肥皂剧。平均来看，那些一边给照片打分一边看电视的男士，比另外那些没有对比者的男士打出的分数要低。从某种程度上说，肥皂剧里面的靓丽演员会使现实中的人物相形见绌。如果我们花一点儿时间回想一下现在的广告和媒体是如何展现男人和女人形象的，以及我们是否经常被那些拥有 6 块腹肌、壮实的胸肌、宽阔的肩膀、窄臀白牙的帅哥们包围着，我们就能明白这些理想中的人物是脱离现实生活的。尽管我们知道这些形象都是错觉，是化妆、灯光和美颜的结果，但我们仍然觉得对比之下，现实中的人物稍逊一筹。

实际上，随便打开一本杂志，翻看一下其中的广告，我们就会发现现实中的人物根本比不上广告中的人物。例如，当我们看到广告图片中的那些性感尤物后，即使是我们自己的配偶，对我们的性吸引力也会在一定程度上大打折扣。由于网络图片已经成为当今流行文化的重要组成部分，因而我们的性生活也在不断地与高清性感美图进行对比，从而导致我们的预期水平有所提高。能使你腹肌轮廓分明、胸丰乳肥的硅胶填充物已不再能够满足要求。结果就出现了我的一位女同事在斯德哥尔摩一家酒吧外偶然看到的一幕：3个20岁出头、打扮得花枝招展的金发美女正在闲聊，突然其中一个高声叫道："天啊！罗布周五就要回家度假了，可我竟然忘记预约清洗私密处了！"够前卫了吧！这就是对比原则的作用，你不得不紧跟潮流，对不对？

对比的范围

如果我想改变你的观点，我当然可以使用对比原则，让你在听到我的观点之前先听到另外一种观点，而那个观点会使我的观点显得更好。但这还不够，因为你经常会受到某些观点的影响，而这些观点就是你自己的观点。为了影响你，我需要对比两种观点，即我想让你采纳的观点和你本身已有的观点。对比原则在一定范围内才会发挥作用。也就是说，如果我想让你接受的观点和你已有的观点相差太远，那你就会觉得两者之间的区别比实际上要大。反过来，如果我的建议和你已有的想法非常接近，那你就会觉得这两者比实际上更相似。为了在最大程度上改变你的观点，也就是为了尽可能地影响你、改变你的主意，我就要在表达观点时采取一种方式，使我的观点看起来与你可能赞同的观点处于同一范围之内。如果我的观点过于接近你会拒绝的观点，那我就无法影响你，因为你会觉得我的观点和你已有的想法差距太大。相反，如果我的观点与你的观点非常类似，我也不会达到影响你的目的，因为那看起来倒像是我在赞同你的观点。

　　为了让你觉得我的建议比实际上更好，我一定要先向你提供一个不大有吸引力的选择。比如，我想向你借5英镑，如果直接提出来的话，你很可能会拒绝。因此，我先提出向你借20英镑，你可能会同意，如果是这样的话我就达到目的了，但你也可能拒绝借给我20英镑。此时，如果我再向你提出借5英镑的请求——这是我原本的打算，你就很有可能会同意，因为相比之下我借的钱少多了。

　　类似的例子还有很多。我的一个朋友（我答应不提她的名字）

在给她男的朋友买衣服时就系统地运用了对比原则。事情是这样的：

> 他的着装非常保守。因此，我通常都是买三件T恤，然后退掉他觉得过于花哨的那一件。他所不知道的是，我在买那件T恤的时候就知道它会被退回去。之所以买它，只是为了让他觉得中间那件不错，而中间那件正是我想让他穿的。但是如果我只买那一件，没有'更糟糕'的那件做对比，他很可能就会让我把它退回去。这些天他一直穿着它，我的目的达到了。

一个卖台球桌的推销员发现，有两种推销方法：一种是一开始就向顾客展示最贵的台球桌，然后让他们选择自己想要的那种；另一种是用便宜的价格诱使他们动心，然后向他们推销价格更贵、质量更好的球桌。前一种方法的效果要好得多。当中有几件事情在同时发生。首先是对比原则。在对比原则的作用下，一旦和更贵的台球桌相对比，价格较低的台球桌就显得比其实际价格还要便宜。其次是思维定式原则。正如大家在认知错觉那一章所认识到的，顾客通常不会远离一开始提供的价格，这就使得他们不会购买最便宜的台球桌。最后，另外一条原则在此也发挥了作用，就像我试图让你借我5英镑的那个例子所表明的那样：互惠原则。这条原则就是我们接下来要讲的内容。

我给你挠背，你也给我挠背：互惠原则

你在街角超市购买晚餐食材，突然在奶酪柜台前发现前面有两个厨师装扮的人正在做玉米卷。显然，这是为了推销新的玉米卷调料而举办的营销活动。但这一次，他们做得非常周到，不仅向你提供辣酱口味的松脆玉米饼条，还提供了蔬菜、肉末、薄饼皮、牛油果沙拉酱等所有的一切。他们递给你一个白色塑料小碗，你接过来之后开始和其他顾客一起端着碗吃了起来。此时，你注意到两位厨师看着你们所有人满怀期待的那种表情。于是，你表扬了他们，告诉他们这些调料的味道真好。其中一位厨师在得到你的鼓励之后，开始向你介绍这些调料调制起来有多容易，以及玉米卷的味道有多好。

你今晚本来不打算吃玉米卷的，但现在开始觉得晚餐吃玉米卷是个不错的主意，尤其当你发现自己没法摆脱当时的情形。你已经吃了人家的食物，人家也花了整整一分钟来和你交流，而做玉米卷的材料、调料和牛油果沙拉酱都摆在蔬菜的旁边。于是，你拿起一套玉米卷食材转身离去。你之所以买下那盒食材，既是因为你想吃玉米卷，也是因为你想离开现场。但是当你走到肉类柜台时，你觉得今晚就该吃玉米卷。于是，你挑选了一些碎牛肉和一些酸奶油。在去收银台的途中，你注意到有两盒玉米卷被放在它们不应当出现的货架上。是谁放到那儿的呢？你付款之后回

到家中，发现你的爱人正在等你。

"嗨，宝贝儿，你买了些什么？"

你看了一眼购物袋里的东西，这才回想起来。

"玉米卷，"你说道："今晚吃玉米卷。"

"玉米卷？但我们本来是要吃照烧鸡排的呀！你为什么买了玉米卷呢？"

你无言以对，因为说实话，你也不知道为什么。

互惠原则是一种让人难以抗拒的原则，经常能让我们赞同本来不赞同的事情——因为我们觉得亏欠对方。假设你受邀前去评估一些画作，当你到达那里时，发现现场还有另外一个人，此人名叫亚当，也是前来评估画作的。你所不知道的是，亚当实际上是在参加一个跟评估画作无关的实验。在评估过程中的短暂休息期间，亚当消失了几分钟。对一些被邀请的人来说，亚当回来时仿佛什么也没有发生，但是对另一些人来说，他回来时却带着两罐可口可乐。跟你做搭档时他就是这样做的。他感到口渴，而且还给他的评估搭档也买了一罐。当天下午评估结束以后，亚当告诉你他正在卖抽奖券，他卖的奖券越多，赢得一台汽车的机会就越大。那么你，作为他的新朋友，有兴趣从他那里买一些奖券吗？买得越多越好？

在那一天，亚当对不同搭档表现出的唯一区别就是给其中一些人买了一罐可乐。结果表明，几个小时前接受了那罐可乐的人明显比没有得到可乐的人买的奖券数量更多。在很多情况下,他们买奖券所花的钱远远超过了可乐的价钱。实验者还要求参与实验对象准确地说出他们对亚当的感觉。那些没有得到可乐的人对亚当的喜欢程度和所购买的奖券数量(如果他们买了的话)有直接的关系。其实这并不奇怪,因为我们想象的是人们更乐于帮助他们喜欢的人,不是吗?但是结果表明,得到了可乐的那些人,也就是觉得欠了亚当人情的那些人,他们购买奖券和喜不喜欢亚当一点儿关系也没有。无论他们觉得亚当好不好,他们都买了奖券,因为这些人觉得有义务回馈亚当的好意。

而且,他们用于买奖券的钱还多于可乐本身的价钱,这看起来也许有点儿奇怪,但我们的社会就是在这种互惠原则的基础上运行的。我给你挠背,你也给我挠背。这条原则非常有效。

正如大家在前文中看到的那样,我们无论如何都想要消除亏欠别人的这种感觉。从孩提时代开始我们就铭记在心:欠人情是一种让自己不舒服的感觉,我们愿意回馈更大的恩惠,从而使自己从欠债的感觉中解脱出来,因为亏欠别人就像一个压在心头的沉重的精神包袱。但其中还有另外一个原因:违背互惠原则,接受了恩惠但却拒绝回馈的人让人不齿,我们不喜欢那样的人。因此,不仅欠人情让我们觉得不舒服,而且不遵守互惠原则还有被人谴责甚至遭人排斥的风险。所以,考虑到所有因素,我们会不遗余力地确保彼此互惠互利,这一点儿都不足为奇。

这正是随杂志一起派送的免费小袋或小包装的洗发水如此有效的原因。一旦你接受了一份礼物，那你就欠了别人的人情。此时你至少应该表示出感谢。比互惠原则略逊一筹的表现形式是前文提到的"设置肯定回答"。当推销员问你过得怎么样并表现出对你的兴趣时，你至少应该耐心地听一下他们要说什么。

电话推销员很善于利用你想要维持的那种体面感，实际上这是互惠原则的一种变体。保持礼貌也是向那些关心你的人做出回馈的一种方式。

食品店中的试吃活动是互惠原则的重量级版本。试吃完以后，你很可能觉得欠了人情。因为在那种情况下，不仅仅是接受一罐可乐或者一份免费美容产品那么简单，而是真的有人站在那里为你烹饪食物，免费让你试吃。对我个人来说，这种压力是难以抵挡的。如果我接过了白色塑料碗，那么几分钟后我就会带着一大包玉米卷到收银台结账（尽管我可能会在奶制品区丢弃一盒）。避免掉入互惠陷阱的唯一方法就是彻底躲开，避免接受你怀疑之后可能会向你索取什么的人的礼物或恩惠。毫不掩饰地说，公司在给员工和客户赠送圣诞礼物时，利用的就是这个原则。我并不是说所有让公司给员工买礼物的人力资源经理都是阴谋大师，他们也可能只是喜欢礼物而已，但是这里有个不争的事实：如果礼物能唤醒你内心的荣誉感，使你觉得应该回报公司，那么这样做有助于强化你对公司的忠诚感，使你愿意为公司做出牺牲。

让步原则

我还可以假装对你让步，使你更加觉得有必要回馈我。有两个方法：降低我的要求，或者提供"额外的优惠"。

第一个方法是这样的：如果你对我提出的要求说不，那么我就改变我的要求，使其更符合你的能力，这也会增加你对我的亏欠感。如果我向你借20英镑，你不愿意，那么我就只借5英镑，这就让你很难拒绝了。5英镑和20英镑比起来差别很大（对比原则），但我现在改变了我的要求，对你做出了让步，借的钱少了许多。现在，该轮到你做出让步接受我的要求了。

另一个办法经常被商业广告（以及市场上推销厨房刀具的摊贩们）采用，他们在销售产品时会额外赠送许多商品。大家都知道这是怎么一回事："请等一等！我还有更多的产品赠送！你不仅可以得到终身不会损坏的整套刀具，还能得到一张产品说明光盘和一把水壶。此外，我还要再赠送一件刷锅利器——一块特氟龙海绵。如果你今天就订购的话，你还会得到一口火锅，而且我还会额外奉送12罐果冻、一架直升机和意大利这个国家。今晚8点就在我这里吃晚饭怎么样？"这个信息表达得一清二楚——我在做出让步，给你提供各种额外优惠，现在该轮到你购买我的产品回馈我了！由于一直是我在讲话，你一个字还没说我就做出了所有的让步，所以你就会非常纠结。你瞧，在我做出让步的时候，你会主动为这些让步负责！

我们似乎在潜意识中觉得自己是别人让步的原因，即使我们还没来得及做出反应，或者我们的反应没能起到作用。在另一个不同的实验中，实验人员安排了一场谈判，谈判中的两个人必须对怎样分配一笔钱达成一致。其中一方事先得到指示，不论对方提出什么条件，必须不断让步，降低自己的要求。因此，换句话说，谈判的一方必须在讨价还价时不断让步，即使在对方已经同意了以后也要如此。尽管如此，在实验中扮演另一方的那个人通常会觉得是他让对方改变了主意，迫使对方让步，这让他觉得自己更应当对谈判结果负责。

因此，通过假装让步——无论是降低自己的要求，还是提供额外的优惠，我可以让你觉得是你让我这样做的，这就会使你对整件事情说不的可能性变得微乎其微，你会对结果更加满意，因为你觉得这都是根据你的要求进行修改的（但显然这个结果也是我一直想要得到的）。因此，将来你还会更加愿意和我再次合作。而对我来说，我又一次赢得了胜利。

步步为营：改变所有人的观点

有一个绝妙的策略，我们总是可以用它来得到我们想要的。该策略把认知失调、程式化回答、互惠原则、对比原则和公开承诺等方法有效地结合起来，可以让你赞同在对比范围中超出你接受水平的事情，甚至赞同跟你已有想法完全相反的观点。

菲利普·津巴多教授曾进行过著名的监狱实验（见前文），他给出的一个例子清楚地表明了，如何运用这一策略让一个纺织品零售商在市场萧条时购买更多的纺织品。但这个方法也可以用来实现你的各种目标，不论是改变别人的观点还是态度。为了简单起见，我在此借用津巴多的那个纺织品商店的案例阐述一下这个问题。

第一步是推销员来到商店，和店主简短地聊了一会儿，讨论当时的市场形势。在推销员的游说下，店主评估了自己的情况、生意状况以及日常事务。最后，推销员感谢店主并跟他进行了一次有趣的讨论，带着店主的意见离开了。我从这份意见清单中挑出了 6 种态度，其中的差别就在于店主态度的积极程度。

观点	店主的态度
（1）你必须跟上新的发展形势，即使是在困难时期	+3
（2）增加销售产品的种类有助于增加销量	+2
（3）购买旺季即将到来	+1
（4）市场价格可能会上涨	-1
（5）去年的商品卖得很好	-2
（6）绝对有必要现在购买	-3

清单中第一个观点是店主最赞同的。第二和第三个观点看来也是他可以接受的。他不赞同第四个和第五个观点，而最后一个观点，是他觉得最无法接受的。而这也恰恰是推销员最想店主去做的。推销员的目标是让店主说"绝对有必要现在购买"，而不是他现在所想的"现在购买绝对没必要"。

这个方法最有趣的地方就是推销员主动怂恿店主反对、不同意甚至拒绝推销员的观点。这看起来完全不符合逻辑，但这正是这个方法行之有效的真正原因。

第二步是让另一位推销员前往这家商店。这个推销员开始和店主聊了起来，提出清单中的第一个观点——店主（我们叫他让·皮埃尔吧）最赞同的那个观点。但是这个推销员（米夏埃拉）似乎不赞同这个观点，她尽力劝说道："现在市场不景气，我觉得现在还不是紧跟最新形势的最佳时机。"这会使让·皮埃尔觉得自己心理的自由——也就是自行决定权受到了攻击，推销员明显是想影响他。为了重新夺回自己的心理自由，他会奋起还击，声称自己还没准备得那么长远，因而不同意她的观点。相反，店主认为，能抓住机会跟上最新形势的唯一时刻可能就是生意有点儿不景气的时候。米夏埃拉请让·皮埃尔解释得更具体一些，以便他能在这件事上捍卫他自己的观点。

接下来，这位女推销员又指出，清单上的第二个观点也不正确："也许你是对的，但是在我看来，你最好不要在这样的时候过多地改变你销售产品的种类。"让·皮埃尔再次反驳，说道："我不同意，更换产品是能让我的销量上升的唯一办法。"米夏埃拉回应道："你也许是对的，让·皮埃尔，但是不管怎么说，现在还不是购买的时机。"也就是说，此时她提出了与清单上的第三个观点相反的观点。可以预见的是，让·皮埃尔会反驳说现在就是购买旺季。每讨论完一个观点，米夏埃拉都会赞同让·皮埃尔的观点，这进一步凸显了他们一开始本来互不赞同的观点。

　　米夏埃拉继续提出与清单上让·皮埃尔不太赞同的观点相矛盾的说法，比如清单上的第四条。她说道："好吧，也许现在是购买旺季，但是市场现在还不足以恢复到能让价格上升的地步。"这一策略的关键就是从这里开始的。米夏埃拉和让·皮埃尔已经开始遵循一种模式，这种模式就是米夏埃拉先表明一个观点，而让·皮埃尔表示不同意，之后米夏埃拉再同意他的观点。就这样，米夏埃拉实际上已经建立起一个使让·皮埃尔说"哦，是的"的程式化模式，因为她假装想要说服让·皮埃尔赞同她的一些观点，因而使皮埃尔感觉自由思考的权利受到了威胁，并导致他认知失调，而这反过来又促使让·皮埃尔和她争论。逆反心理就是这样起作用的。

　　当我想整理房间时，我一般会明确告诉孩子们禁止整理他们的房间。然后，我会非常仔细地检查，以确保他们没有悄悄地整理。在某种意义上，这会把一切变成一个很有趣的游戏，效果十分明显。而孩子们喜欢玩这个游戏的原因，以及促使让·皮埃尔感觉自己被剥夺了自由思考的权利，因而下意识进行反驳的原因是一样的。

等讨论到清单上第四个观点时，一切已经水到渠成了——如果他原来的态度不太坚决的话。让·皮埃尔表示不同意，声称市场价格能够上升，而米夏埃拉则通过进一步的讨论帮助他强化了这一观点。接下来她会这样做："好吧，即使你可以提高价格，但仍然卖不出什么东西。我的意思是，看看去年你卖得怎么样吧。"让·皮埃尔则再次受到两种因素的支配，一是担心他失去思考的自由，二是他已陷入了推销员说什么他就反驳什么的模式。最后，米夏埃拉谈到了让·皮埃尔一开始最不赞同的观点："好吧，即使去年的货卖得像你说的那么好，你还是没有必要为了做成这笔生意现在就进货。"

如果我知道怎样写出受害者落入陷阱后陷阱关闭那一刻发出的声音，那我此刻就会写出3个大字，每个都有3英尺[①]高：砰砰砰。让·皮埃尔此时只能表示不同意。事实上，他别无选择，除非他想让自己产生心理压力。而当他表示不同意时，他就不得不说出米夏埃拉一直想要听到的答案，那就是他确实需要现在就

---

① 1英尺≈0.30米。——编者注

进货。无论让·皮埃尔原本的观点是同意还是不同意，此时都已经土崩瓦解，他被迫赞同自己之前完全不赞同的观点。

正如大家所看到的，这个方法十分简单。

我声称自己不喜欢你喜欢的东西，从而使你和我的观点产生冲突，让你试图"改变我的观点"。我会先从你最赞同的观点入手，然后一步一步推进到你不太赞同的观点。

一旦整个模式运转起来（在我们讨论了三四个你不太赞同的观点之后），我会继续声称不同意你实际上也不太赞同的观点。当你再一次说服了我和你自己（当然在这个过程中我也帮了你一点儿小忙），并解释了为什么我的观点是错误的之后，我会继续声称不同意你实际上越来越不赞同的观点，直到提出那个我真正想让你赞同的观点为止。

我会用否定的词语来表达对你过去强烈拥护的观点的态度，但是你的反驳模式会让你同意这个观点，因此你可以不同意我的观点，并证明你仍然能够自由地思考。

达到这一目的需要花多长时间呢？这取决于你的已有观点有多坚定。一些琐碎的小事，比如决定去看什么电影（《真爱永恒》），只需要一两分钟就可以搞定。但一些更严肃的事情，比如把你的钱放到哪里（放到我的银行账户里），则需要花更长时间。

叫你做什么你就做什么：权威的力量

> 丹——尼——斯——！！！
> ——连环画《淘气阿丹》中丹尼斯的爸爸在训斥捣蛋鬼丹尼斯

真正能产生典型影响力的是所谓的权威，也就是熟知双方谈话内容的那个人，比如瑞士维生素研究院，或者口香糖广告中出现的口腔专家，也可能是我们出于其他原因信任的人，比如名人。如果一位著名的运动员为万宝路香烟做广告，我们可能会开始相信抽烟有益健康。人们一直在使用这一技巧。在啤酒广告中，电影明星或者体育明星比酿酒师更有影响力，尽管酿酒师对啤酒懂得更多。这真是够讽刺的。

因此，如果我们觉得某个人在某个领域很权威，或者更进一步，如果某个万众敬仰的人向我们进行宣传，我们就会停止思考，这样一来就无须为我们的行为负责，所以说这种事情极具诱惑力。因此，如果有人声称自己是某个方面的权威，那我们就会心甘情愿地把责任抛给他们，他们也可以不费吹灰之力地说服我们。就像止痛剂广告中的一个肥皂剧演员所说的："我不是医生，但我在电视剧中扮演过医生。"你还可以通过引用某位名人的话来转述权威人物的观点，比如：乔治·华盛顿、威廉·莎士比亚、托马斯·库恩，或者瑞奇·马丁。我们这些凡人怎么可能质疑他们的智慧呢？

我们对权威人物的信任很容易理解。小时候，父母使我们知道了世界是什么样子，因而在必要的时候我们会听从父母的话。我猜想这可能是我们经常把权威人物想象得比实际上还要高大的原因。也许，我们在仰望（这里指的是这个词的本意）身材较高的大人，就像我们小时候做的那样，和具有权威地位的人建立某种精神联系，而这种联系将伴随我们一生。如果这一点属实，那就能够解释为什么人们总认为电视新闻节目主持人的身高比实际要高，也可以解释为什么行政管理岗位的雇员平均身高比没有成为行政管理者的人要高。

相信父母的智慧可能并非坏事，但那并不意味着我们应该无条件地同样信任政客和宗教领袖，或者广告中那些穿白大褂的人。但实际上，我们就是这样做的。有一项研究我一直觉得非常有趣。在这项研究中，一位著名演员为一群教育工作者举行了一次讲座，讲座主题是关于博弈论的。这名演员其实对该领域一无所知。主持人在介绍他时，说他是"迈伦·福克斯教授，是对人类行为进行数学分析的专家"。迈伦的讲座漏洞百出，尽是一些虚构的术语和对一些不相干主题的无意义引用。但是这场讲座表面上听起来和看起来都显得煞有其事，迈伦甚至在讲座结束后还回答了听众的提问。听众们丝毫也没有看穿他的表演，因为他们在听讲座时相信他是专家级人物,从而忽略了很多可疑的线索。在给他的表现评分时,听众们在好几个方面都给他打了最高分。

受这一实验启发,我想看看自己是否能够做得更进一步。我是否能够仅通过宣称自己是某个领域的权威,就让一些人相信我是他们专业领域内的专家呢?如果这些人已经习惯了和权威人物打交道,那又会怎样呢?

我给瑞典保守党和社会民主党的青年组织打去电话,声称自己在为一家公共关系公司工作,该公司受雇来润色加工他们政党的政治纲领,并告诉他们我已经为他们的政党准备了一份有关核心价值问题的简要总结。在我继续开展工作之前,我想请他们的政党成员评估一下这份总结报告。

我带着与我的朋友共同瞎编的一份政治材料,分别会见了这两个青年组织的代表,请他们从几个不同方面对这份总结进行评估。我告诉他们,我主要是想看一下他们觉得这份总结能在多大程度上代表他们政党的观点(也就是说,与其他政党相比,这份总结有何特别之处),并想看一下他们是否觉得我体现了他们政党的核心价值。我们的《头脑风暴》节目把整个实验过程拍摄了下来,如果你有机会看到这一期节目,你就会明白其中的讽刺之处:我们提供给两个政党的总结报告完全一样。

一些电视观众和记者认为这个实验说明了政治辞令在使用上

存在的风险。从某种意义上说，他们的观点是正确的。但我的主要目的不是向所有人证明，你可以以一种巧妙的方式来陈述某种观点，从而让瑞典议会中两个互相对立的政党代表同意你所说的一切。我也并非试图指出他们的政治方向其实就像一些人想象的那样十分相似。

我相信，无论这份总结报告撰写得多么认真，倘若不是我竭尽全力表现得一本正经，显得值得信赖、非常专业的话，也就是说，倘若不是我表现得极具权威的话，那么听我宣读这份总结报告的听众是一秒钟也不可能被我愚弄的。我给自己声称所代表的机构取了一个很贴切的名字——"论战"，这是英国的政客们觉得某人在胡说八道时喜欢大声喊出来的一个词。但是除了编造这样一个贴切的名字以外，我根本没有做充分的准备。我对两个政党的真正纲领以及他们实际雇用的公关公司知之甚少，只是为了撰写这份简要的总结报告才读了一点儿他们的纲领。如果他们问我一些为政党制定市场战略所必须知道的问题，那我恐怕当场就露馅了。然而，实际情况如何呢？我当时的确请他们对我的总结报告进行了批评指正，但是对权威的信任战胜了理性的分析。两个政党都给这份总结打出了极高的分数，认为它在75%~90%的程度上准确体现了他们的政党，充分表达了他们政党代表的核心价值和观点。

一个典型的例子

有关权威领域研究的最恐怖的实验之一是由斯坦利·米尔格朗在 20 世纪 60 年代进行的。他在报纸上刊登广告，招募志愿者参加一个关于学习的实验，并答应给实验参与者一点儿报酬。

当实验对象来到实验室时，接待他们的是一个身穿白大褂、自称是心理学家的人。此人会把实验对象介绍给另外一个也要参加实验的志愿者，然后通过抽签决定哪个人扮演"学生"的角色，哪个人扮演"老师"的角色。"学生"会被绑在一个安装了电击设备的椅子上，心理学家和"老师"则进入隔壁房间。房间里有一个灰色的盒子，盒子上面有 30 个开关。心理学家解释说，盒子上的开关控制着隔壁房间的椅子，每个开关都会让"学生"受到一次电击。电击的强度各不相同，这取决于开关的位置。最弱的电压是 15 伏特，最强的电压是 450 伏特。这些开关被分成了几组，并分别被贴上了标签："轻微电击""温和点击""强烈电击""极强烈电击""剧烈电击""极其剧烈电击"和"小心：重度电击"。最后的两个开关没有文字说明，只是用"×××"进行了标注。心理学家向老师介绍他的任务：对着麦克风读一些简单的练习，比如让学生进行词语搭配。学生则坐在椅子上通过控制一套灯光系统给出答案。当学生答错时，老师就要按动开关，电击一下学生。惩罚将从最弱档的电击开始，但每答错一次，电击的强度就会增加一档。

公开声明

我们每小时付您 4 美元
招募记忆研究实验志愿者

★我们有偿招募纽黑文市 500 名志愿者，帮助我们完成一项关于记忆和学习的研究。这项研究将在耶鲁大学进行。

★每个参加实验的人每小时大约会得到 4 美元的报酬（外加 50 美分的交通费）。我们只需要占用你 1 小时的时间，除此之外不再有任何要求。时间可以自行选择（晚上、工作日、周末均可）。

★参加实验者不需要任何特殊的训练、教育背景或者经验。
我们需要的人员包括：

工厂工人	商人	建筑工人
城市雇员	职员	推销员
体力劳动者	专业人员	白领
理发师	接线员	其他

所有参与人员的年龄必须在 20~50 岁之间，高中生或大学生不在招募之列。

★如果您符合这些条件，请填写下面的候选人名单并寄给纽黑文市耶鲁大学心理学系斯坦利·米尔格朗教授。之后您会接到关于这一实验的具体时间和地点的通知。我们保留拒绝任何申请的权利。

★您一到实验室就会得到 4 美元（外加 50 美分的交通费）的报酬。

康涅狄格州纽黑文市耶鲁大学心理学系的斯坦利·米尔格朗教授，我想参加这一记忆和学习的研究。我的年龄在 20~50 岁之间。如果我参加实验，我会得到 4 美元（外加 50 美分的交通费）的报酬。

姓名 _____
地址 _____
联系电话 _____
什么时间给您打电话最合适 _____
年龄 _____ 职业 _____ 性别 _____
您能来参加实验的时间：
工作日 _____ 晚上 _____ 周末 _____

然而，这个实验完全是提前设计好的。决定谁扮演老师谁扮演学生的抽签其实是个骗局，扮演学生的人实际上是演员，而且根本不存在真正的电击。学生的反应已经被提前录音，以确保他们每次的反应都一致。在学生答错几次之后，老师就要给出 75 伏特的电击，此时，已经能听见隔壁房间里学生的呻吟声。这样的呻吟声一直保持到 105 伏特电击，等到了 120 伏特电击时，呻吟已经变成了喊叫："让我出去！我不参加这个试验了！我拒绝继续下去！"类似的喊叫持续到 180 伏特，学生此时尖声叫嚷着说自己再也受不了这种痛苦了。等到了 270 伏特时，尖叫已经变成了愤怒的嚎叫。从 150 伏特开始，学生就一直坚持要出去。在 300 伏特时，他发出了绝望的呼喊，并告诉老师他拒绝再回答任何问题。在 315 伏特时（心理学家告诉老师说学生的沉默应该被视为回答错误），学生再次发出痛苦的尖叫，并说自己不再参加试验。一直到 330 伏特，学生仍然对提问保持沉默，但每当老师按动开关时他还是会发出尖叫声。等电击达到 330 伏特之后，学生突然没有声音了，而且也没有用灯光回应。

当然，老师应该在此时停止实验，有些老师立即停止了，有的老师过了一会儿才停止。穿白大褂扮演心理学家的那个演员此时会说"请继续"，"实验需要你继续下去"，"一定要继续下去"，或者"你别无选择，必须继续下去"。如果老师问学生会不会受伤，得到的答复是不会造成"永久性组织损伤"。心理学家一直镇定自若，没有表现出丝毫慌乱。如果老师在心理学家提出最强烈的要求（也就是第四种表达方式"必须继续下去"）之后仍然拒绝继续下去，实验就会停止。斯坦利研究的主要问题是实验对象听到多少录音才会停下来。他们会继续到什么程度？有没有人在中途就停下来？会不会有人只是因为一个穿白大褂的权威人物要求他们不要停，他们就一直坚持到底？

似乎没有哪个头脑正常的人会对他人实施第一次电击。如果你碰到一个不认识的人，他让你去电击另一个陌生人，你肯定会立马转身离去，对不对？没有哪一个神智正常的人会对一个陌生人实施可能致命的电击。

但事实是，几乎没有人在实验一开始就离开。他们花了时间和精力到达实验室，并且接受了培训，因而在那一刻他们已经投入到实验中去了。但是如果你同意开始实验（你很可能已经这样做了），你认为你准备给学生最强的电击是多少伏特呢？米尔格朗的实验参与者们认为他们可能会保持在15~150伏特之间，绝不会超过"强烈电击"，但也有少数人宣称他们会给出更强烈的电击，但没有人说会超过300伏特。当斯坦利询问其他心理学家时，他们的回答是一样的：大部分人不会超过150伏特，少数人可能会达到300伏特，只有千分之一的人会一直电击下去。这个结果听起来合理吧？不过，这依然是错误的。

米尔格朗第一次进行实验时，测试了 40 个实验对象，其中 26 人一直坚持到了最后一个电击开关。65% 的普通人对陌生人实施的电击足以致命，原因仅仅是因为一个穿白大褂的人让他们这么做。当然，他们也遭受了心理折磨，很多实验参与者在实验过程中都显得极度紧张和焦虑，其中有些人使用了我在认知失调那一章介绍的策略，把那个学生看成是个白痴，活该受到电击。但事实是：他们仍然没有停下来。

米尔格朗的电击实验震惊了整个世界，没有人相信我们竟然会如此轻易地屈服于权威。米尔格朗和其他研究者一次又一次地重复了这一实验，结果都是一样的。在最极端的一次实验中，学生和老师相邻而坐，学生必须把自己的手放在一个金属盘上，准备接受"电击"。实验的最后，他拒绝触碰金属盘，但实验者要求老师抓住学生的手强迫他放在金属盘上。学生发出愤怒的惨叫，但这些老师却毫无怨言地照做了，只是为了完成一个实际上无关紧要的记忆测试。该实验最富有戏剧性的一个版本是 20 世纪 70 年代由一个研究团队进行的，他们怀疑米尔格朗的实验参与者可能已经意识到了所谓的"学生"其实是个演员，而且电击也不是真的。为解答这个疑问，他们准备对小狗使用真正的电击。结果，50% 的实验对象都对小狗实施了最强烈的电击。当实验参与者换成女人时，也没有人因为胆小而放弃，她们中 100% 的人最后都把小狗电死了！

如果你认为今天像你一样的文明人与 20 世纪 60~70 年代愚昧无知的美国人不可同日而语的话,就请看一看我的一位好友兼同事在 2004 年为英国第四频道进行的一次米尔格朗原始实验的复原实验,其结果仍然是一样的。我永远忘不了一个男人在按下最强烈的电击开关之后,不仅对完全昏厥的学生无动于衷,而且还非常冷静地下结论说:"他们应该在机器上再多装一些开关。"天哪!

不论我们多么不想相信这个事实,但你、我和米尔格朗测试过的数千名实验对象并没有什么区别。要做到这一点,只要有人向我们提出要求就可以了。此人应当具有某种权威,能够牵着我们的手走进黑暗世界。如果在实验一开始就要求人们按动最强烈电击开关,那么米尔格朗实验中的大部分人可能都会拒绝。但是如果我们逐步向前发展,采用钝刀子杀人的方式,一点点越界,那我们就会一直服从命令。大家听说过美军在阿布格莱布监狱的虐囚丑闻吗?道理都是一样的。

一大群观念相同的人的影响力和权威人物的影响力是一样的。群体产生的社会压力能够迫使我们从一开始就赞同他们,因为我们害怕被排挤在外。如果我们认为别人比我们"知道得多",那么这个群体的观点和权威人物的观点就有同样的影响力。尽管群体中的单独哪一个成员都不具备影响我们的能力,但整个群体却可以影响我们。心理学家们喜欢玩的一个游戏就是把一群人聚集在桌子周围，然后向他们展示两张图片：一张图中间只有一条竖线，另一张图中间有三条竖线。

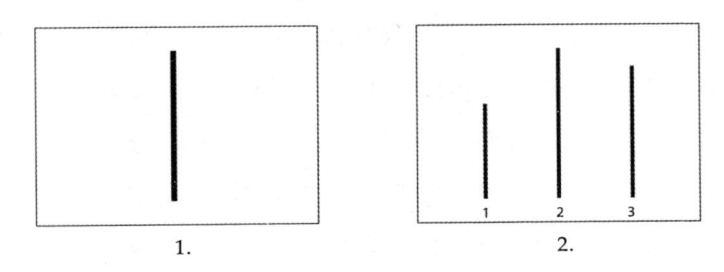

图 3-8　竖线长度对比实验

正如你看到的，左图的竖线和右图中的三条竖线中的一条长度相等，与另外两条竖线的长度则不一样。此时，心理学家会逐一询问这群人，要求他们说出右图中的哪一条线和左图中的线长度相等。然而，其中的秘密是，除了一个人以外，这群人中的其他人都是安排好的托儿，事先都串通好了。因此事实上，这个实验只是在测试其中一个人。一开始，每个人都会给出正确的答案——右图中第二条线。但是过了一会儿，这群人开始表现得有点儿奇怪。在看了一些新的图片之后，这些托儿们突然开始选择明显错误的选项（比如右图中的第一条线）。

这一实验的目的是想看一下这个唯一的真正实验对象是会盲从于大多数人还是勇于坚持自己的正确答案。第一次实验是在哈佛大学进行的，尽管那里的人都非常聪明，但仍有超过 1/3 的实验对象选择了随大流，给出了错误的答案。其中一些人甚至在两条线的长度差距达到 7 英寸的时候仍然赞同多数人的意见！有趣的是，这些人是否意识到了他们的答案是不正确的？之所以给出这个答案是因为他们受到了同辈人的压力？或者是说这群人的集体智慧说服了他们，让他们觉得自己是错误的？

在这个例子中，同辈的压力不足以解释其中的原因，因为这群人之前从没见过彼此，而且除了一起参加实验之外没有其他任何方面的联系。仅仅因为 10 个人的说法一致，他们就选择相信一个看起来明显是错误的答案，真是令人咋舌。

研究在这群人给出错误答案时，真正的实验对象的面部表情是一件非常有趣的事情。我看到过这样一个实验对象，他不解地望着这群人，就好像他们疯了一样。每当有人给出错误答案，他脸上的表情就更加迷惑。显然他觉得整件事非常荒唐，他表现得好像不相信自己的耳朵一样。当轮到他回答时，他的矛盾心理就溢于言表。我想他的矛盾心理存在于两方面：一方面是社会压力明显在发挥作用，他并不认为其他人都是白痴；另一方面，他也不是很怀疑自己的视觉印象——自己的视觉怎么能同别人差别这么大。

对于陷入此类矛盾心理的有些人来说，他们的对策就是不做出任何选择，而是让整个群体，让权威的一方替他们做出选择。

我敢肯定，并非20世纪40年代德国纳粹党的所有成员都真的信仰纳粹主义，但同其他成员一道服从希特勒的权威命令恐怕是应对当时情况最简单的方式。否则，他们就得为自己的独立思考或者质疑付出极其痛苦的代价。

　　对我来说，运用权威的一种较温和的方式，就是宣称自己是某个你想成为的人（这在情理之中，如果我想得到别人的尊重，那么"芬达发烧友"之类的形象就不可取，即使这碰巧就是你梦想成为的人）。我可以让自己看起来似乎具备某些你想培养的优秀品质，这样就可以使我在你眼里变得更可靠。这是政客们宣传自己、提高自己名望的一个经典策略。广告的作用是推销商品，那为什么不能用来推销人呢？你所要做的就是保证这个政客为人不错（不是个废物）、具备某种特殊品质（但不要太具体）、充满自信甚至有点儿骄傲（但不要自命不凡）、口才好（但不是个势利小人）、勇敢（但又谨慎）、有魅力（但不要长得太好看）。这些美好的品质赋予了我们完美的想象空间，我们可以把自身的一些品质投射其中，包括我们在其他人身上见到的优秀品质，因为我们喜欢在自己身上看到这些品质。一些商品通常会让人们联想到性欲、雄性、危险或诱惑。提到阿尔·戈尔（美国前副总统）或者约翰·麦凯恩（2008年美国共和党总统候选人），你联想到了什么样的"人格类型"呢？我认为阿尔·戈尔可能需要在如何让人印象深刻方面更努力一点儿。

下一次如果有人宣称自己了解某个领域，或者向你展示了一组炫酷的幻灯片，你应该在心里问一下自己关于这个人的一些重要问题：他真的是专家吗？还是沽名钓誉之徒？他是不是真的熟知这一领域？这个权威人物所说的话，有没有其他任何证据可以证明？他自己有兴趣深入探讨手头的这个题目吗？不要仅仅因为别人宣称自己了解什么就相信他。对我也应该这样。大家不能仅因为我在书中这样写，就不假思索地相信我所说的一切。但尽管如此，我还是希望大家相信我，因为这会让我们下次的会面变得容易。

当我数到 10 的时候，你会忘记一切：鬼魅般的催眠

我认为应该在本书结尾处谈一下有关影响力的所有技巧中广为人知但却备受争议的一个技巧：催眠。尽管你很有可能不了解催眠到底是什么，但对它的原理似乎每个人都有自己的看法。我想你可能也是如此，你对催眠的了解很可能来自你在电影和电视剧中看到过的催眠画面，或是读过的一部犯罪小说，或是曾看过的舞台催眠师的表演——亲眼看到一个成年男人表现得就好像布兰妮·斯皮尔斯抱着椅子跳舞一样（谁都可能会发生这种事情）。

如果你问一个朋友他对催眠的了解，你可能会得到下面这样的回答，尽管可能不够全面。

- 催眠师具有超常、近乎神奇的力量，他能够控制他人，让他们按照自己的意愿做事。
- 当你被催眠的时候，催眠师可以让你在完全无意识的情况下做一些不合法或者不道德的事。
- 有些人有钢铁般的意志，不可能被催眠。而那些意志较弱或者不够聪明的人则很容易被催眠。
- 处于昏睡状态的人有时很难被唤醒，有时他们陷入昏睡状态的时间可能比预想的更长，根本不可能被唤醒。
- 当你被催眠时，会进入睡眠状态，对周围的环境没有丝毫意识。
- 催眠是件很危险的事情。没受过专门训练或者蹩脚的催眠师有可能导致人们发疯，甚至可能导致当事人自残。
- 催眠和睡觉一样。
- 催眠和冥想一样。
- 被催眠后你不记得发生在自己身上的事。催眠导致健忘。
- 在催眠状态下，你会被迫说出真相，你不可能在被催眠的时候说谎。
- 被催眠的人会做出正常情况下不会做的事，比如把圆钉扎进手里但感觉不到疼痛，可以在未实施麻醉的情况下进行手术，或者像木板一样僵硬，能在两把椅子中间保持平衡。

事实上，以上这些回答没有一条是真的，全都是假的。上述清单还可以列得更长，这里只是列出了对催眠的一些常见的误解。那么，到底什么是催眠呢？其实，对于催眠这一话题存在极大的争议。我在这里谈论的是催眠师对于催眠的认识，而不是普通大众的想法。下面列出的是一些理论。

- 有人认为催眠状态是一种独特的精神状态，可以通过各种方法引发该状态。
- 有人认为催眠离不开其他"普通的"微妙影响。
- 有人认为一切都是催眠。例如，我的一个好朋友是美国一位专业催眠师。他认为，每当我们对某个事物产生某种观点或态度时，都相当于进入了一种催眠状态。
- 有人认为催眠术并不存在，有关催眠的一切都是胡说八道。

值得指出的重要一点是，即使是所谓的专家，包括很多受过训练的专家，每天在通过催眠帮助来访者时，也都不确定他们在催眠时究竟发生了什么。

大致说来，对催眠的看法可以分为两大类：一些人认为大脑可以进入一种名为催眠状态的特殊精神状态，这种状态和其他精神状态（比如放松或专注）是不同的。另一些人则宣称催眠过程中发生的事情并不是某种独特的大脑状态造成的结果，而是有效利用合作、说服技巧以及"被催眠者"所表现出来的某种顺从的结果。无论持哪种观点，其结果都是一样的。因而这就造成了一种两难困境：那些相信催眠状态存在于大脑之中的人必须承担举证责任，因为声称某种事物存在的是他们。但到目前为止，他们还没能证明这一点。相关的争论已经持续了很长时间，而且可能还要继续下去。幸运的是，现在我们还不需要解决这个问题，只需要看一下催眠可以做什么或者不能做什么就足够了。

人们之所以对催眠有如此之多的争议，原因之一就是它复杂的历史。为了阐明其中一些观念，我们需要从头回顾一下它几百年来的发展历史：在很久很久以前……

催眠的发展史

催眠始于 18 世纪末，当时维也纳的一名医生弗朗茨·安东·梅斯梅尔开始采用催眠疗法治疗病人。梅斯梅尔认为，可以使用磁铁治疗疾病，因为磁铁可以改变人体内的"液体"，而人体内的液体就像海洋的潮汐一样，受太阳、月亮和行星运动的影响。当他真的用磁铁治好一名妇女的疾病时，他自己可能也非常惊讶。

大家明白了吧，甚至他自己都不敢相信这全都是磁铁的作用。不过，尽管他表现得很谦虚，但他还是宣称这位妇女是被一种从他身上传到她身上的"能量"所治愈的，基本上算是治好了。梅斯梅尔把这种能量称作"动物磁力"。每个人都拥有这种磁力，但有些人更善于引导并和别人分享它。当然，梅斯梅尔在这方面是绝对的天才。（很多人不知道这里的"动物"一词是相对于"矿物"或者"宇宙"的磁力而言的，并且和牛、狗等动物无关。）

  在对一个18岁的盲人钢琴家进行治疗却失败之后，他逃到了巴黎。在那里，他以及他的发现产生了巨大争议。18世纪80年代初，梅斯梅尔成了最炙手可热的人物，所有人都在谈论他，全法国人要么恨他，要么爱他。他拥有大量的病人。梅斯梅尔典型的治疗方法是这样的：他与来访者相对而坐，彼此的膝盖接触，并握住对方的双手，长时间直视对方的眼睛。之后，一股神秘的能量就会通过肩膀传递到手臂。最后，他会用手指按压病人的肚子，有时候会按压数小时。最后，他会用玻璃口琴吹上一段小曲儿以结束整个治疗过程。（这是真的）坦率地说，他不是个狡猾的家伙，但是他的病人看起来都喜欢有人向她们体内传递神秘的能量。（我告诉过大家他的病人大部分都是女性吗？）后来，他的病人多到排起了长队，他不得不想办法进行集体治疗。他发明了一个"磁桶"，实际上就是一个大盒子，里面伸出很多根管子。每个病人都使用一根属于她们自己的管子，病人用绳子相互连在一起。从某种程度上说，因为有了这些管子，梅斯梅尔可以一次性地激发所有病人体内的磁流体，这意味着他可以一次治疗多个病人。

梅斯梅尔的派对一直持续到了1784年，当时的美国驻法国大使本杰明·富兰克林对此展开了调查，得出的结论是：人体内不存在所谓的"动物磁力"这种新物质。他以一种罕见的方式明确指出：梅斯梅尔的治疗效果实际上应当归功于病人们的"想象力"。

我们很容易会嘲笑这位自命不凡的梅斯梅尔，想象着他身穿飘逸的紫色长袍，像个巫师一样走来走去，成为当时街头巷尾议论的对象。但我们一定不要忽略这样一个事实：梅斯梅尔之所以引起如此大的关注，是因为他的治疗的确有效——至少有时如此。懂得这其中缘由的人之一是修道院院长若泽·库斯托迪奥·德·法里亚（法里亚院长曾跟自己的朋友谈起过）。法里亚是葡属印度的一个修士，他是将梅斯梅尔的做法视为具有科学基础的人之一，但他也了解暗示和自我暗示的作用。法里亚之后还出现了一些追随者，但直到19世纪中期，"催眠"这个词才真正跻身主流研究领域。19世纪20年代，梅斯梅尔的追随者埃宁·德·屈维莱曾在法国使用过这个词，但直到苏格兰的神经外科医生詹姆斯·布雷德于1845年在文章中使用了这个词之后，"催眠"才真正变成了一个新的专业术语（我不敢想象一个脑外科医生会在19世纪做这件事）。就像屈维莱那样，布雷德使用这个词来描述被催眠的人进入的类似睡眠的状态（借用的是希腊语表示睡眠的单词 hypnos）。然而，布雷德很快就意识到了自己的错误，因为他发现自己所说的催眠其实和睡眠几乎没有关系。但事已至此，已经没人在意了。"催眠"这个词非常不错，人们一直沿用至今。

到了 19 世纪末，公众对催眠逐渐失去了兴趣。对它造成致命一击的是西格蒙德·弗洛伊德，他的精神分析理论已经赢得了广泛的支持。弗洛伊德宣布催眠没有任何作用。他之所以知道这一点是因为他尝试过，发现它一点儿用也没有。但实际上，更可能的一种情况是：弗洛伊德是个蹩脚的催眠师。催眠治疗需要治疗师专心倾听、观察，并采取灵活的方法引导患者进入催眠状态。但弗洛伊德的治疗方式是让病人躺在沙发上，他们可能根本看不见治疗师，因而治疗师所能提供的反馈少之又少。[还有一点，弗洛伊德罹患口腔癌，要靠吗啡减轻疼痛。有谣言（也可能是真的）说这改变了他的治疗模式。心理治疗师之所以要坐在病人背后，是因为这样病人就不会在诊疗过程中看见弗洛伊德痛苦的表情，而每次诊疗的时间之所以设定为 45 分钟，也是因为弗洛伊德需要停下来注射吗啡。]我们当然应当铭记弗洛伊德为我们理解人类和人类文化做出的杰出贡献。但是，如果不是因为他在那个时代故意刁难催眠术，如果不是因为他在心理学领域的权威地位，那我认为，很难相信时至今日我们还会有这些奇怪的想法——认为催眠神秘莫测、凶险至极。

但后来事情又出现了转机。20世纪20年代，一位名叫米尔顿·H.埃里克森的人推动了催眠术的发展。埃里克森出生在一个农场，小时候非常喜爱运动。17岁那年，他不幸患上小儿麻痹症，身体重度瘫痪，医生们认为他恐怕活不下来了。

一天晚上，埃里克森偷听到前来出诊的医生们对他父母说他可能活不过当晚。他决定证明他们是错误的。他自己对此的解释是，他采用了后来才知道的自我催眠法熬过了漫长的一夜，活了下来。埃里克森是催眠史上最重要的人物之一。他的余生都是在轮椅上度过的，不断遭受严重疼痛的折磨，但他能够采用自我催眠和认知技巧控制疼痛。

埃里克森思想的创新之处在于他把焦点集中在来访者身上，宣称应由来访者本人完成所有工作。这与以前催眠师注重自身"磁力"的做法大不相同。埃里克森还消除了"催眠"这一概念中的魔幻或神秘含义，宣称"催眠就是一种让人专注于他们思想、想法和观点的方法。"仅此而已。

埃里克森以其能应付各种情况和各种来访者而闻名。他总是能根据来访者的需要改变自己的方法，从来不固守任何僵化的教条。他运用了大量的比喻和故事，间接促使来访者产生变化。他还极富幽默感，这常常为他的工作增色不少，就连他的批评者也不得不承认埃里克森是一个很有魅力的家伙。

很多书籍都介绍了埃里克森的风格和方法。他创造出了一种新的催眠方法，这种方法一直沿用至今。埃里克森的方法还为自然语言处理奠定了基础，这一技术在 20 世纪 80~90 年代达到鼎盛时期。

自然语言处理的基础之一，就是约翰·格林德和理查德·班德勒对埃里克森工作，包括一种催眠理论的透彻分析。但是这其中有一个问题，那就是很难评价埃里克森的方法到底有多好。我们完全有理由说这些方法对他十分有效——尽管埃里克森喜欢把他治疗过的案例报告转化成有关自己工作的某些比喻，这有时会使我们很难评估其报告的真假，其他治疗师能否像埃里克森那样敏锐、机智、灵活地进行治疗很值得怀疑。埃里克森那著名的超凡魅力无疑也在他的成功中发挥了重要作用，但这些个性魅力却是现代心理治疗师在培训中执意要彻底消除的东西。埃里克森摒弃了催眠师以往的那种神秘形象，不再一边采取巫术般的凝视，一边粗暴地发号施令。取而代之的是感知来访者的需要，并提供巧妙的暗示。他避免了所有的神秘化操作，倾向于轻松、专注的交流。今天，大部分专家都认为埃里克森是现代催眠治疗之父。

究竟什么是催眠？

当普通人闭上眼睛，看起来似乎进入恍惚状态，并开始做出一些奇怪异常的举动时，我们很容易得出结论——他们一定是被某种不寻常的东西控制了,他们的古怪行为是由某种极不寻常的精神状态导致的。

当舞台催眠师从观众中随机挑选一些人上台,然后在几秒钟内让他们失去知觉、忘记自己的名字或者手持黄瓜耳鬓厮磨时,观众们常常会感到非常惊讶。任何做出那样奇怪举动的人要么是十足的疯子,要么就是处于神秘的催眠状态,对不对?很难想象他们不是受到了这个神神秘秘、看起来具有超能力的表演者的控制。正因如此,如果我告诉你催眠师根本没有超能力,参与者们只是在按照催眠师的意志行事,他们的行为只是催眠师的暗示和他们自身想象的结果,那你一定会感到十分惊讶。但事实的确如此。

我并不是在说催眠都是骗人的。我提到了两件事,它们很容易被忽略,但比你想象的要复杂得多。这两件事就是参与者们遵从或服从催眠师意志的能力和听从其暗示的能力。对一些人来说,遵从别人的意愿不一定意味着他们在假装如此,尽管从某种程度上说,他们实际是在"配合"。很难确切地说被催眠了的人发生了什么,唯一能弄清楚的方法就是让他们从主观上描述自己的体验。在他们的讲述中,你会看到有的人在催眠师告诉他们可以飞起来的时候真的相信自己能飞起来。也有人说他们之所以那样做是感受到了来自周围人的压力。但是即使是宣称觉得"真的"能飞起来的人,通常也会告诉你他们知道自己实际上是飞不起来的。

看起来似乎一些人的想象力十分丰富，能够把自己的意识在短时间内分成两部分：一部分意识仍然知道事实，知道椅子实际上没有给他们电击，另一部分意识则暂时被想象力牵引着，并把想象当作事实。只要催眠师达到了他想要的结果，这种想象就无关紧要了。正因如此，能否明确判定催眠的争论双方哪一方是正确的并不重要。只要催眠有效果，只要催眠的结果是当事人和催眠师想要的结果，这就足够了。

简而言之，你可以说催眠是一种方法，可以让你完全放松，释放你的想象力，按照我给你的暗示行事。无论是舞台表演还是催眠治疗都是如此。这一定义也解释了为什么很多对催眠的误解都是错误的：你不可能进入恍惚状态，除非你想这样，因为真正发挥作用的是你和你的想象力，而不是催眠师。同样，你也不会在催眠咒语的迷惑下不知不觉地吐露真相，除非你想这么做，或者你愿意这么做。大家请看，那些关于催眠的误解成了催眠师非常有用的工具。如果某个来访者相信他只要盯着催眠师的眼睛就能进入恍惚状态，他就会那么做，只要他具有这样的想象能力。同样，如果他觉得自己别无选择只能说出真相，他也会这样做的，因为他觉得必须这样做。

正如大家在电视上看到或从杂志上读到的那样，在很多故事中，有的人可以在不施麻醉而仅靠催眠的情况下进行手术、拔牙、让针穿过手掌，或者纹丝不动地躺在两张椅子中间，腹部还压着一堆砖块。事实上，如果没有催眠，也可能做到这些。人们只要足够放松、脉搏减慢，就能在很大程度上减弱对疼痛的感知。还有一点，催眠师的病人也许已经相信催眠在起作用，并且能主动配合暗示。想到这一点，我们就不会再为那句体育名言的效果感到惊奇了："只要我相信，我就能做到。"只要得到正确的指导，任何人都可以让自己的身体像一块木头一样僵直，而且无须用钟摆或者凝视等催眠方法来做到这一点。

一些实验成功地让被催眠了的人做了他们在其他情况下不会做的事，比如拿着一把以为装了子弹的枪向别人射击、向催眠师泼硫酸、暴露自己的私处，或者盗取考试答案。但是这仍然证明不了什么，因为被催眠的实验对象一直知道自己处于实验之中，也知道应当由别人来为他们的行为负责，这等于是赋予了他们作恶的通行证。事实上，心理学家威廉·科已经厌倦了这类实验。他认为，让人们采取反社会行为的最佳途径就是让他们相信自己正处于实验之中。

对大部分人来说，被催眠意味着他们会失去意识或者进入某种奇怪的、被改变了的、可能永远也恢复不过来的状态。他们期待一些不同寻常的事情发生在自己身上，认为自己可能有失去意识的危险，或者至少别人会暂时控制他们的意识。但事实远没有如此令人紧张。这可能会让你感到吃惊，但实际上要催眠某个人非常容易，不需要任何特殊的技巧、方法，甚至不需要任何专业知识。目前有数百种催眠方法，你可以利用这些方法，找一个愿意配合你的人，让他听从你的指示，放松身心、闭上眼睛并展开想象。但实际上，任何一种放松练习或者任何一种重复、单调、有节奏的感官刺激（经典的做法就是手持怀表的表链来回摆动）也能让人进入催眠状态，只要你准备催眠的对象能够完全信任你。有时候，一句简单、直接的命令，比如"开始沉睡——现在开始"，或者就简单的一个词"睡觉"也能管用，就看催眠对象对催眠是如何理解的了。

任何人都能被催眠，但催眠对有些人来说可能效果更明显一些。同我们讨论过的其他方法相比，把催眠当作一种影响他人的方法操作起来更困难，也更耗时。而且，你无法让别人去做他还没准备要做的事情。如果这让你失望了的话，那很抱歉，但是你确实无法催眠他人，让对方在你的电话指示下去刺杀美国总统。无论美国和日本的电视节目怎么吹嘘，你都无法催眠别人而让自己的性生活变得更刺激。如果你想尝试一下，最可能的结果就是你的伴侣讲话语速变得很慢，然后睡过去。之后发生的一切都是对方本来就愿意和你做的事，只要你有勇气提出要求。

我在本书中用了大量篇幅讨论潜意识，你也许会觉得奇怪，因为我在这一章中竟然完全回避了这个话题。就催眠的定义而言，催眠难道不是一种和别人的潜意识进行沟通的方法吗？我之所以没有在这一章提到潜意识,是因为我们根本不需要假设催眠之所以能够发挥作用是由于潜意识的存在。在此,我要重复一下史上最伟大的催眠大师埃里克森关于催眠的定义:

> ……催眠就是一种让人专注于他们的想法、观点和意见的方法。

也就是说,催眠就是让你的精神高度专注,让你的想象顺从我提供给你的经过精心设计的既定暗示,但前提是你喜欢这样,这就是催眠。

结　语

听我指挥

　　写这本书有点儿像在游乐场玩耍。我们坐过惊心动魄的过山车，在哈哈镜前驻足大笑，在几个惊悚的鬼屋里探险，现在该到结束的时候了。我希望大家觉得这本书值得一读，并一直读到了最后。现在大家可以放松一下了。我肯定有时候你会觉得我讲的一些事情看起来过于夸张，甚至有些恐怖。尽管如此，书中没有任何玄幻之处能超出你自己的想象。

　　本书着重讨论了各种不同程度的影响，其中最基本的影响同理解我们与世界的相互作用方式有关。我们周围的环境不仅仅是我们存在和行动的消极背景，而且与我们密切相关。它影响着我们以及我们的思想和观点，从而也影响我们采取行动和不采取行动的决定。我们还受到情境、群体以及与周围人之间关系的影响，而我们的行动又会反过来影响环境以及环境中的人们。世界就是这样：影响和相互影响。这完全是如何认识你在其中的角色以及你的积极或是消极程度的问题。但是我希望你现在明白一点：相互你至少也能够以其人之道还治其人之身。

　　此外，凡是能对你有影响的人或物对其他人来说也是如此。每个人都随时会受到各种影响，甚至那些专门以影响他人为生的人也不例外。你没有办法有意识地分析自己接收到的所有信息，没有办法弄清楚它们可能以哪些不同的方式影响你。如果那样做的话，很快你就会表现得像个满嘴胡话、眼神空洞的白痴。究竟谁能够影响那些影响别人的人呢？当然是你，还有其他成千上万的人。但在读过这本书后，任何试图影响你的人都会觉得更加困难。

　　我希望大家喜欢阅读这些有关影响的方法和技巧，就像我喜欢使用它们一样。我现在必须停笔了，因为我家门前的车道上还停着一辆装满清洁剂的大卡车呢。我必须藏起来装作自己不在家。

亨瑞克·费克塞斯

影响在你生活中发挥的作用远远超过你以前对这个问题的认识。

我已经向大家提供了很多可以用来影响他人的方法和技巧——无论是增加你约会成功的概率，还是说服别人赞同他一开始不接受的政治观点。实际上，你甚至可以利用本书中的方法开创一个教派。然而，我的目的并非告诉你如何成为一名能够操纵身边人的木偶师。我一直想让你明白：你所认为的自由选择通常不是你真正自由选择的结果。当然，我希望你的所有行为都有其理由，但正如你可能已经意识到的，这些理由未必是你所认为的那样。

你的所有行为都多少会受到他人有意识的影响，这是他们有意而为的结果，诱使你去感觉、思考、购买或者表示赞同。否则我们几乎寸步难行。我们非常容易受到他人的影响，这听起来也许令人沮丧，但你现在可以感到一丝欣慰，因为现在既然已经知道了其中最常见的方法，你就可以更容易地看穿它们、抵制它们，就可以批判和质疑许多你以前不了解的试图影响你的伎俩。你现在已然知道了一些看似无害的事物——请愿书、免费样品、不完整的广告语和俊男靓女的图片，可能对你造成什么样的影响。你也能够辨别出那些意在使你产生认知失调的企图，能够有意识地选择属于或者不属于哪些群体——至少有时候可以做到这一点，因为这些事情让人很难抵抗，非常难。如果容易的话，就没有人愿意费心费力地运用这些技巧了。但如果情况真的变得很糟糕，